...IQUES DU YACHT MONÉG...
L'HIRONDELLE

TROISIÈME ANNÉE, 1887.

...EXCURSIONS ZOOLOGIQUES

DANS

...ES DE FAYAL ET DE SAN MIGUEL

(AÇORES),

Par Jules de GUERNE.

PARIS,

...UTHIER-VILLARS ET FILS, IMPRIMEURS-LIBRAIRES
...REAU DES LONGITUDES, DE L'ÉCOLE POLYTECHNIQUE,
Quai des Grands-Augustins, 55.

1888

EXCURSIONS ZOOLOGIQUES

DANS

LES ILES DE FAYAL ET DE SAN MIGUEL

(AÇORES).

PUBLICATIONS RELATIVES

(EN TOTALITÉ OU EN PARTIE)

AUX CAMPAGNES SCIENTIFIQUES DU YACHT *L'HIRONDELLE.*

S. A. le Prince Albert de Monaco. — Sur une expérience entreprise pour déterminer la direction des courants de l'Atlantique. (*Comptes rendus de l'Académie des Sciences*, 16 novembre 1885.)

— Sur le Gulf-Stream. Recherches pour établir ses rapports avec la côte de France. Campagne de l'*Hirondelle*, 1885. Brochure grand in-8, avec cartes et fac-similé d'autographes. Paris, Gauthier-Villars; 1886.

— Sur une expérience entreprise pour déterminer la direction des courants de l'Atlantique Nord. Deuxième campagne de l'*Hirondelle*. (*Comptes rendus de l'Académie des Sciences*, 20 décembre 1886.)

— Sur les résultats partiels des deux premières expériences pour déterminer la direction des courants de l'Atlantique Nord. (*Ibid.*; 10 janvier 1887.)

— Sur les recherches zoologiques poursuivies durant la seconde campagne scientifique de l'*Hirondelle*, 1886. (*Ibid.*; 14 février 1887.)

— L'industrie de la Sardine sur les côtes de la Galice. Brochure in-18. (Extrait de la *Revue scientifique*, où le travail a été publié sous le titre : *La pêche de la Sardine sur les côtes d'Espagne*, avec figure; 23 avril 1887.)

— La deuxième campagne scientifique de l'*Hirondelle*. Dragages dans le golfe de Gascogne. (*Association française pour l'avancement des Sciences*, Congrès de Nancy, 1886, 2e Partie, p. 597.)

G. Pouchet. — Une expérience sur les courants de l'Atlantique, avec figures. (*Le Génie civil*, 23 janvier 1886.)

G. Pouchet et J. de Guerne. — Sur la faune pélagique de la mer Baltique et du golfe de Finlande. (*Comptes rendus de l'Académie des Sciences*; 30 mars 1885.)

— Sur l'alimentation des Tortues marines. (*Ibid.*; 12 avril 1886.)

— Sur la nourriture de la Sardine. (*Ibid.*; 7 mars 1887.)

Jules de Guerne. — Description du *Centropages Grimaldii*, Copépode nouveau du golfe de Finlande. (*Bulletin de la Société zoologique de France*, tome XI; 1886.)

— Sur les genres *Ectinosoma* Boeck, et *Podon* Lilljeborg, à propos de deux Entomostracés (*Ectinosoma atlanticum* G.-S. Brady et Robertson, et *Podon minutus* G.-O. Sars), trouvés à la Corogne dans l'estomac des Sardines, avec 1 planche. (*Ibid.*, tome XII; 1887.)

— Les dragages de l'*Hirondelle* dans le golfe de Gascogne. (*Association française pour l'avancement des Sciences*, Congrès de Nancy, 1886, 2e Partie, p. 598.)

G. Rouch. — D'un nouveau mécanisme de la respiration chez les Thalasso-Chéloniens. (*Bulletin de la Société zoologique de France*, tome XI; 1886.)

Édouard Chevreux. — Catalogue des Crustacés amphipodes marins du sud-ouest de la Bretagne, suivi d'un Aperçu de la distribution géographique des Amphipodes sur les côtes de France, avec 1 planche. (*Ibid.*, tome XII; 1887.)

CAMPAGNES SCIENTIFIQUES DU YACHT MONÉGASQUE
L'HIRONDELLE.

TROISIÈME ANNÉE, 1887.

EXCURSIONS ZOOLOGIQUES

DANS

LES ILES DE FAYAL ET DE SAN MIGUEL

(AÇORES),

Par Jules de GUERNE.

I. Avant-propos. — II. Découverte de la faune pélagique des lacs à Sete Cidades. — III. La faune profonde du Lagoa Grande. — IV. La faune des eaux douces de l'île San Miguel. — V. La *caldeira* de Fayal et le torrent de Flamengos. — VI. Description de Mollusques et de Crustacés nouveaux. — VII. Note monographique sur les Rotifères de la famille des *Asplanchnidæ*. — VIII. Tableau de la faune des Açores. — IX. Remarques générales et conclusions.

AVEC UNE PLANCHE ET 9 FIGURES DANS LE TEXTE.

PARIS,
GAUTHIER-VILLARS ET FILS, IMPRIMEURS-LIBRAIRES
DU BUREAU DES LONGITUDES, DE L'ÉCOLE POLYTECHNIQUE,
Quai des Grands-Augustins, 55.

1888

A Son Altesse le Prince Albert de Monaco.

MONSEIGNEUR,

Je sais qu'aux dédicaces vous préférez les œuvres. Permettez-moi, cependant, de placer votre nom en tête de cet Opuscule. Ce ne sera point, si vous le voulez, un hommage; mais un simple souvenir, souvenir d'un labeur commun, de fatigues subies et même de dangers courus dans le but unique de faire progresser la Science.

Soyez assuré, Monseigneur, que vous me trouverez encore dans l'avenir prêt au travail, à vos côtés, sur cette vaillante Hirondelle, *où chacun peut voir, par votre exemple, comment une volonté ferme et persévérante entraîne le succès des plus nobles entreprises.*

JULES DE GUERNE.

EXCURSIONS ZOOLOGIQUES

DANS

LES ILES DE FAYAL ET DE SAN MIGUEL

(Açores).

I. — Avant-Propos.

La troisième campagne de l'*Hirondelle*, décidée depuis plusieurs années, par S. A. le prince Albert de Monaco, dans le but de poursuivre, en collaboration avec M. le professeur G. Pouchet, l'étude expérimentale des courants de l'Atlantique, comportait dès l'origine une escale aux Açores.

Afin de tirer le meilleur parti possible d'une expédition qui devait conduire le yacht à travers l'Océan jusqu'en Amérique, un programme d'études fut arrêté longtemps d'avance. S. A. le prince Albert résolut de faire aux Açores des dragages profonds et de consacrer à l'exploration des îles tout le temps dont on pourrait disposer sans porter préjudice à la grande expérience sur le *gulf-stream*. Des recherches analogues devaient être également entreprises à Terre-Neuve.

Le matériel scientifique fut préparé en conséquence, et beaucoup plus soigné, en vue des courses à terre, qu'il ne l'est d'habitude dans les grandes expéditions maritimes.

Préoccupé depuis longtemps des questions générales relatives à la faune des lacs [1], sachant d'ailleurs l'intérêt qu'offrirait à tous égards sa découverte aux Açores, je m'appliquai d'une façon toute particulière à prévoir jusque dans les moindres détails les exigences

---

(1) G. Pouchet et J. de Guerne, *Sur la faune pélagique de la mer Baltique et du golfe de Finlande* (Compt. rend. Acad. Scienc., 30 mars 1885). — J. de Guerne, *Sur les genres* Ectinosoma *Bœck et* Podon *Lilljeborg*, etc. (Bull. Soc. Zool. France, t. XII; 1887).

de l'exploration des *caldeiras*. On appelle ainsi aux Açores les cratères éteints. La plupart d'entre eux présentent une dépression centrale où s'accumulent les eaux du ciel, qui forment, suivant les cas, des marécages ou de véritables lacs.

C'est en vue des pêches à faire dans ces localités que j'étais muni, entre autres choses, de *soies à bluter* d'une extrême finesse. Ces tissus, employés du reste par S. A. le prince Albert à la confection de divers appareils qui seront décrits ailleurs, ne sauraient être trop recommandés aux naturalistes. Bien qu'un certain nombre de travaux publiés à l'étranger aient démontré les qualités tout à fait supérieures de ces étoffes, aucun zoologiste ne paraît jusqu'ici s'en être servi en France. Il est cependant très facile de se les procurer à Paris ([1]).

Ces détails ont leur importance et j'y insiste parce que, très cer-

---

([1]) C'est au Dr V. Hensen, professeur de Physiologie à l'Université de Kiel, que je dois les premiers renseignements sur ces étoffes. Je me rappelle avoir examiné au microscope dans son laboratoire, en juin 1885, les plus fines soies de Zurich (notamment le n° 20, dont il est question ci-après). Le professeur Hensen avait imaginé déjà les appareils ingénieux à l'aide desquels il a exécuté ses belles recherches, récemment publiées, sur la quantité des organismes qui flottent dans la mer (*Ueber die Bestimmung des Planktons oder des im Meere treibenden Materials an Pflanzen und Thieren*. — Extr. de Fünfter Bericht d. Com. z. wissench. Unters. d. deutsch. Meere, Kiel, 1887). On trouvera dans ce Mémoire des renseignements exacts sur les tissus qu'il convient d'employer pour la construction des filets fins. En voici quelques extraits :

« On n'a pas fait jusqu'ici un choix suffisamment raisonné des étoffes destinées à la confection des filets..... Celles-ci ne doivent pas avoir d'ouvertures supérieures à la dimension des plus petits objets qu'il s'agit de recueillir. Toutefois il est nécessaire qu'elles laissent passer l'eau et le *Plankton* ordinaire. Les mailles auront une grandeur uniforme et seront aussi nombreuses que possible. Le tissu sera fort et lisse, ne s'effilochera point et ne subira dans l'eau aucune modification.

» Le lin et la laine purs ne sont pas utilisables; ils se gonflent et s'effilent, ne permettent pas le lavage parfait des matières recueillies et l'estimation de leur quantité. Le coton, la demi-soie (soie et coton), la soie seule enfin ont été employés. Cette dernière est de beaucoup préférable. Elle reste très lisse, offre une grande force de résistance et change à peine dans l'eau. Le coton et la demi-soie sont loin de présenter les mêmes avantages. Le premier devient rude et imperméable au bout d'un certain temps; l'autre se déchire avec une extrême facilité.....

» Depuis janvier 1884, je faisais usage d'une très fine gaze de coton. Les mailles de ce tissu avaient en moyenne $0^{mm},135$ de côté; on comptait environ dix-neuf trous par millimètre carré, ce qui fait une surface perforée de $0^{mm^2},248$. Les individus adultes de *Ceratium tripos* ne peuvent passer par ces trous; mais *Ceratium fusus*, les Tintinnoïdées, ainsi que les Rhizosoléniées, traversent facilement les mailles lorsqu'ils s'y présentent par la pointe; *Dinophysis*, *Prorocentrum* et *Dictyocha* s'échappent constamment. Si

tainement, c'est en grande partie au soin avec lequel les explorations sont préparées qu'en est dû le succès. Nul doute qu'il n'en ait été ainsi aux Açores pour nos excursions à terre.

Retenus à la mer par des études du plus haut intérêt, nous n'avons guère débarqué que pendant les relâches indispensables au ravitaillement du yacht. Mais, à ce moment, pas une heure n'était perdue, car les recherches étaient immédiatement dirigées vers les points les plus favorables. C'est pourquoi un nombre de courses relativement très restreint a fourni les résultats importants consignés ci-après.

Il est juste d'ajouter que S. A. le prince Albert visitait les Açores pour la troisième fois avec l'*Hirondelle*, et que j'ai largement profité de sa connaissance du pays et des habitants. Parmi ceux-ci, je me fais un véritable plaisir de citer M. S.-W. Dabney, consul des États-Unis à Fayal, qui nous a prêté, suivant la vieille et honorable tradition de sa famille, un concours des plus dévoués (¹).

---

quelques-uns de ces organismes se trouvent pris, c'est qu'ils sont arrêtés par le treillis que forme l'accumulation d'espèces plus grandes; en tous cas, on n'en recueille qu'un nombre très minime.

» Enfin, mon attention fut attirée sur une étoffe de soie connue dans le commerce sous le nom de *gaze de meunier* ou d'*étamine à bluter* (*Beuteltuch*); je n'ai cessé de l'employer pour mes pêches depuis le mois d'août 1884.....

» On en fabrique d'au moins vingt grandeurs de mailles différentes, de façon qu'il est facile de choisir suivant le besoin.....

» La grandeur des mailles de l'étamine n° 20, qui est la plus fine, est assez irrégulière; l'étamine n° 19 a déjà des mailles très régulières. J'ai pris quelques mesures en examinant au planimètre un dessin du tissu exécuté à la chambre claire.

» Le tableau suivant donne les résultats obtenus :

1 centimètre carré.	Surface perforée en centimètres carrés.	Nombre des trous.	Surface moyenne d'un trou en centimètres carrés.	Côté d'un trou en centimètres.
Étamine n° 5.......	0.33819	763	0,00044178	0,021018
— n° 19.......	0,168846	4272	0.000039529	0,006287
— n° 20.......	0,168203	5976	0,000028387	0,005328
Gaze de coton.......	0,2812	1900	?	?

» Le n° 20 semble donner le maximum de finesse que puissent atteindre ces étoffes. Des mailles plus étroites exigeraient des fils de soie d'une extrême ténuité, ce qui augmenterait beaucoup la difficulté du tissage. » (HENSEN, *loc. cit.*, p. 3 et 4, *Konstruktion der Netze, Materialien*).

(¹) « Enfin, comment ne pas nommer la famille de M. Dabney, consul des États-Unis à Fayal, toujours si aimable pour les étrangers et toujours prête aussi à les obliger avec cette délicatesse et cette distinction qui semblent héréditaires chez elle? » Ainsi s'exprimait, il y a vingt-neuf ans, H. Drouet, dans un *Rapport à Sa Majesté le Roi de Portugal, sur un voyage d'exploration scientifique aux îles Açores*; Troyes, 1858, p. 32.

II. — Découverte de la faune pélagique des lacs a Sete Cidades.

L'étude de la faune pélagique des lacs figurait en première ligne sur le programme des travaux à exécuter aux Açores pendant les relâches de l'*Hirondelle*. Jamais, à la vérité, on n'avait signalé l'existence d'une faune quelconque, si pauvre fût-elle, dans les eaux douces de l'archipel. Encore moins avait-il été question d'une faune pélagique.

J'étais cependant convaincu que le vent et les Oiseaux pouvaient apporter, sur ces îles perdues au milieu de l'Océan, des êtres identiques à ceux qui peuplent toutes les nappes d'eau des continents explorés jusqu'ici à ce point de vue.

Maintes fois, longtemps avant le départ de l'*Hirondelle*, j'ai entretenu mes collègues et mes amis des recherches que je comptais poursuivre dans cet ordre d'idées, leur montrant sur les meilleures Cartes des Açores les localités qu'il importait surtout de visiter. Les professeurs Moniez et R. Blanchard se rappellent nos conversations à ce sujet. Quant au professeur G. Pouchet, instruit l'un des premiers de mes projets, il n'a jamais cessé de m'encourager dans cette voie et de montrer le plus vif intérêt soit à mes études, soit aux préparatifs des explorations.

J'ai dit que les dragages profonds avaient tenu le yacht presque constamment éloigné de terre. Dans ces conditions, ne pouvant étendre mes recherches à l'ensemble des lacs, il fallut choisir. Mes préférences se portèrent de suite sur ceux de Sete Cidades.

Ce sont les plus grands de tout l'archipel, le Lagoa Grande en est le plus profond. Ils se trouvent être aussi les plus anciens formés, la date de leur origine est presque certaine; enfin, toute activité volcanique paraît avoir cessé depuis longtemps dans la région qu'ils occupent.

Les raisons de mon choix étant sommairement indiquées, je vais entrer dans quelques détails géographiques destinés à bien caractériser le milieu exploré.

Le cratère de Sete Cidades, situé à l'extrémité occidentale de l'île San Miguel, est le plus grand et l'un des plus réguliers des Açores (*Pl. I, fig.* 1). Il présente une forme à peu près circulaire; son diamètre maximum (O.-N.-O. — E.-S.-E.) atteint 5km. Le point culminant du bord, Pico da Cruz, au S.-E., s'élève à 846m. Au fond de l'enceinte apparaissent les lacs. Ils la divisent presque exactement en parties égales et couvrent environ la moitié de sa surface. Le reste est occupé par des terrains boisés, cultivés ou bâtis, et par un certain nombre de petits cratères accessoires. On trouvera résumé, dans le Tableau suivant, l'état de nos connaissances sur les lacs de Sete Cidades. J'y ai joint, à titre comparatif, les données relatives aux deux autres lacs les plus considérables des Açores (1).

	Latitude moyenne.	Altitude.	Superficie.	Profondeur maximum.	Volume approximatif (4).	Date probable de la formation du bassin lacustre (5).
	° ′ ″	m	km²	m	m³	
Lagoa Grande.....	37.52	270	3,1	30 (3)	31500000 / 12500000	1444
Lagoa Azul.......	37.50.50	270	0,839346	22	5800000 / 3500000	1444
Lagoa do Fogo....	37.45.30	500 (2)	1,41	27	12500000	1563
Lagoa das Furnas .	37.45.10	263	1,29	14	7000000	?

(1) Toutes les données de ce Tableau sont empruntées, sauf avis contraire (*voir* les notes), à la Carte à grand point de l'île San Miguel, dressée en 1844 par le capitaine Vidal, de la marine anglaise. Le Plan du cratère de Sete Cidades, annexé à cette Carte, a fourni des documents un peu plus précis pour le Lagoa Grande et pour le Lagoa Azul. Les pieds et les brasses anglaises ont été convertis en mètres.

(2) D'après Hartung, *Die Azoren in ihrer äusseren Erscheinung und nach ihrer geognostichen Natur geschildert*. Leipzig, 1860; Atlas, pl. IV, fig. 2.

(3) D'après mes propres sondages. Le plan du capitaine Vidal indique une profondeur moindre (26m); il est certain que le niveau du lac subit des variations notables, suivant le régime des pluies.

Qu'il me soit permis de rectifier, au sujet de la profondeur du Lagoa Grande, une indication fausse que l'autorité d'Élisée Reclus pourrait accréditer. Le savant géographe, ainsi qu'il le dit lui-même (*Géographie universelle*, t. XII, p. 46), a emprunté au Livre de Walker, *The Azores or Western Islands*, Londres, 1886, les renseignements relatifs à Sete Cidades. En remontant aux sources, on reconnaît de prime abord que Reclus a converti en mètres le chiffre de 58 brasses donné par l'auteur anglais, d'où la profondeur considérable de 106m signalée au nord du lac. Or le chiffre de Walker repose sur une erreur de lecture. De même que pour Reclus, j'ai retrouvé la source d'informations de Walker. C'est le Plan à grande échelle de Sete Cidades, joint à la Carte du capitaine Vidal, dont il a été question ci-dessus [note (1)]. Ce plan porte, en effet, *dans la partie nord* (Walker, *loc. cit.*, p. 58), à proximité de la rive occidentale du Lagoa Grande, une indication qu'il est à la rigueur possible de considérer, à première vue, comme répondant à une profondeur de 58 brasses. Mais on reconnaît vite qu'il s'agit de deux chiffres absolument distincts, placés par mégarde un peu plus près l'un de l'autre qu'ils ne devraient l'être. Les chiffres les plus rapprochés indiquent à gauche vers la rive, 1 brasse — avant le 5 —; vers le large, 13 brasses — après le 8 —: il y

Le régime thermique des lacs açoréens est à peu près inconnu. Par suite d'un oubli regrettable, il n'a pas été fait usage du thermomètre Negretti Zambra, à renversement, que j'avais emporté à Sete Cidades. On ne possède aucune donnée sur la température des eaux profondes. M. Francisco-Affonso Chaves, de Ponta Delgada, a eu l'obligeance de me communiquer quelques documents relatifs à la température de la surface du Lagoa Grande. Elle semblerait subir

---

a de même 13 brasses au-dessus, 8 brasses au-dessous de la prétendue cote 58; d'où il résulte, en définitive, que les fonds sont très régulièrement croissants et décroissants, selon qu'on se rapproche du bord ou qu'on s'en éloigne. Force nous est de renoncer, après cela, à l'hypothèse du vestige de cheminée volcanique, soi-disant marqué par ce singulier trou. L'étude du régime du lac pris dans son ensemble eût d'ailleurs suffi à faire écarter cette supposition. Le puits, car c'en serait un, de 106^m, ne pourrait subsister en un point limité sans se combler rapidement. Ses parois auraient effectivement 100^m d'inclinaison en 80^m superficiels. Hartung a reproduit (*loc. cit.*) la Carte du capitaine Vidal, mais il n'a pas manqué d'écarter nettement les chiffres incriminés et de corriger, par la même occasion, l'échelle défectueuse que porte l'édition de l'Hydrographic Office. Celle-ci, en effet, donne pour le Plan de Sete Cidades l'échelle d'un mille géographique, lorsqu'il s'agit, en réalité, d'un mille marin.

Puisque je suis en veine de critiques et quelque peu en dehors du domaine de la Zoologie, j'exprimerai le regret de voir un géographe sérieux, tel qu'Élisée Reclus, dénaturer les noms locaux d'une manière odieuse pour les voyageurs. N'est-ce point enlever à la *Caldeira de Sete Cidades* toute couleur locale que de l'appeler la *Chaudière des Sept-Villes*, et ôter son cachet au charmant *Lagoa Azul*, que de le nommer *Lagune azurée?* Pourquoi donc alors ne pas tout traduire? *San Miguel* en français se dit *Saint-Michel* et les *Açores* deviennent absolument méconnaissables sous le nom d'*Autours*.

(4) *de la page précéd.* Pour obtenir le volume d'un lac, F.-A. Forel en multiplie la surface par le tiers de la profondeur maximum. Ce procédé a été employé ici pour les quatre lacs. Il donne certainement des chiffres très exagérés. Le Plan de Sete Cidades, du capitaine Vidal, permet d'arriver, pour les Lagoa Grande et Azul, à une approximation beaucoup meilleure. Il suffit de prendre la moyenne des profondeurs indiquées par les sondes relativement nombreuses du Plan, et de multiplier par le tiers du chiffre obtenu la superficie du lac. Par ce procédé, le volume du Lagoa Azul se réduit de 5800000$^{m^3}$ à 3500000$^{m^3}$, celui du Lagoa Grande de 31500000$^{m^3}$ à 12500000$^{m^3}$. Si l'on admettait comme exacte la profondeur de 106^m contestée plus haut [*voir* note (3)], l'application de la méthode de F.-A. Forel donnerait au Lagoa Grande un volume d'environ 108000000$^{m^3}$. Dans le Tableau, les chiffres en gros caractères indiquent les volumes obtenus par l'emploi de la profondeur résultant de la moyenne des sondes. Pour plus de détails et la discussion de la méthode, *voir* F.-A. Forel, *Sur la faune profonde des lacs suisses* (Soc. helvét. sc. nat., 2e Part., vol. XXIX, 1885, p. 4 et 5).

(5) *de la page précéd.* D'après Hartung, *loc. cit.* Bien qu'il existe un grand nombre de documents relatifs aux phénomènes volcaniques observés dans la vallée de Furnas, je n'ai trouvé nulle part une date exacte concernant la formation du lac. *Voir*, pour les renseignements sur les éruptions et les tremblements de terre aux Açores, une intéressante Revue locale : *Archivo dos Açores*, qui se publie régulièrement à Ponta Delgada depuis le mois de mai 1878.

des variations diurnes souvent assez brusques. M. Chaves m'indique, comme ayant été observée en été et à la même date, la température de 19° à 6^{h} du matin, de 20° à midi. Parfois les différences s'accentueraient au point d'atteindre 3° et même 4° d'amplitude en un jour. Il est probable que ces particularités trouveraient leur explication dans des circonstances spéciales de vent, d'évaporation, etc.

Quoi qu'il en soit, l'état de nos connaissances sur ce sujet est rudimentaire et restera tel aussi longtemps qu'un habitant du pays, fixé dans la localité, n'aura pas entrepris les séries d'observations indispensables pour établir le régime thermique du lac. Les voyageurs ne sont guère à même d'aborder utilement ces questions durant des courses plus ou moins rapides.

En tous cas, ce que l'on peut affirmer, étant donné le climat des Açores ([1]), c'est que, en dehors de toute action volcanique, les eaux y sont essentiellement tempérées, et cela en toute saison.

Il est à supposer que la température des eaux profondes, à 30^{m}, ne descend jamais au-dessous de 8°, peut-être même de 10°. J'ajouterai du reste que la question n'offre pas un intérêt extrême au point de vue purement zoologique, car la faune paraît être surtout composée d'animaux *eurythermes* ([2]) et par conséquent capables de vivre indifféremment dans un milieu plus chaud ou plus froid que celui de Sete Cidades.

Le Lagoa Grande, en dépit de son nom, se trouve être, somme toute, un fort petit lac. La zone littorale y occupe une place considérable, puisque, sur les deux tiers de son étendue, les fonds restent inférieurs à 10^{m}. En certains endroits, les plantes aquatiques s'avancent à une grande distance du rivage. La faune pélagique se trouve donc cantonnée dans un étroit espace. Il en est de même de la faune profonde, qu'il faut chercher surtout dans la région nord du lac ([3]).

Le 10 juillet, entre 2^{h} et 4^{h} du soir, j'ai effectué dans le Lagoa

([1]) Températures des saisons à Ponta Delgada : hiver, 13°,1; printemps, 16°,8; été, 20°,7; automne, 19°,4 : mois le plus froid, 12°,3; mois le plus chaud, 22°,7; moyenne de l'année 17°,7 (d'après Hartung. *loc. cit.*, p. 32).

([2]) Pour l'étymologie et la signification du mot *eurytherme*, voir mes *Remarques sur la distribution géographique du genre* Podon, *sur l'origine des Polyphémides pélagiques lacustres et sur le peuplement des lacs*. (Bull. Soc. Zool. France, t. XII, 1887, p. 357.)

([3]) Dans son beau Mémoire déjà cité (*voir* plus haut la Note relative au volume des

Grande un certain nombre de pêches de surface, dans les points les plus éloignés de la rive et au-dessus des plus grands fonds. Les circonstances ne me permettant pas de poursuivre mes recherches pendant la nuit, j'ai pêché longuement entre deux eaux et dans la profondeur. Enfin, j'ai ramené dans le filet de soie, convenablement lesté et employé comme drague, le limon pris à 30^{m}.

Le produit des pêches de surface s'est montré constamment formé d'une multitude de Volvocinées, d'un Nostoc assez rare, de quelques *Glenodinium* et *Peridinium*, de diverses Diatomées ou Desmidiées et d'une quantité considérable de Bactéries. Celles-ci fourmillent littéralement dans les pêches traitées séance tenante, dans l'embarcation même, par l'acide osmique (¹).

---

lacs), F.-A. Forel a défini d'une manière très nette les trois régions qu'il importe de distinguer dans un lac.

« La *région littorale* s'étend tout autour du lac, depuis la grève jusqu'à une profondeur de 15^{m} à 25^{m} environ; sa largeur est variable avec l'inclinaison des talus.....

» La *région pélagique* occupe la masse principale du lac, en avant de la région littorale, en plein lac, depuis la surface jusqu'à la couche d'eau, immédiatement en contact avec le sol, laquelle appartient à la région profonde.....

» La *région profonde* comprend le sol même du lac, au delà de la région littorale et la couche d'eau qui lui est immédiatement sous-jacente..... » (Forel, *loc. cit.*, p. 2.)

Il est bon également de rappeler ici les observations suivantes, dues au même auteur : « ..... Nous devons encore donner attention au fait que les diverses dimensions du lac varient, en général, en même temps, dans le même sens; que les lacs moins étendus en superficie sont, en général, moins profonds, que, par conséquent, leur fond présente, d'une manière moins parfaite, les conditions de repos de la région profonde et se rapprochent au point de vue de la lumière et de la température des régions littorales; nous devons noter encore que, dans un lac plus petit, la région littorale, qui est une ligne, a, proportionnellement à un grand lac, plus d'importance que la région profonde, qui est une surface.

» Et me fondant sur ces réflexions, je formulerai la conclusion suivante :

» *Si l'on veut comparer les conditions de milieu de deux lacs, d'après leur grandeur relative, il y a lieu de considérer, non pas leurs dimensions linéaires, longueur et largeur, mais une puissance supérieure de ces dimensions, la superficie de ces lacs ou mieux encore leur volume.* » (Forel, *loc. cit.*, p. 69.)

On comprendra que je me sois efforcé, malgré l'insuffisance des données, de dresser le Tableau ci-dessus.

(¹) Le professeur Brun a communiqué à la Société de Physique et d'Histoire naturelle de Genève, séance du 17 avril 1884, des observations fort intéressantes sur les Bactéries du Léman. Elles ont été recueillies en abondance en même temps qu'un grand nombre de végétaux inférieurs, à la surface du lac, *dans les couches inondées d'air et de lumière* (Archiv. sc. phys. et nat. Genève, p. 543, t. XI, 1884). C'est dans des conditions identiquement semblables que j'ai trouvé la flore pélagique à Sete Cidades.

Voir également, sur les Bactéries des lacs, divers travaux de Maggi et de Cattaneo, publiés dans le *Bollettino scientifico* de Pavie.

Parmi ces organismes, dont l'ensemble représente environ les deux tiers de la masse recueillie, on distingue les espèces animales suivantes :

Daphnella brachyura Liévin ;
Chydorus sphæricus Jurine ;
Cyclops viridis S. Fischer ;
Asplanchna Imhofi de Guerne ;
Pedalion mirum Hudson.

Des *Nauplius* s'y trouvent également en grand nombre ; ils paraissent devoir se rapporter au *Cyclops viridis,* bien que beaucoup d'entre eux semblent dépasser la taille ordinaire des larves de cette espèce. J'ajouterai que la plupart des Cyclopes n'avaient pas atteint l'âge adulte.

Il convient encore d'appeler l'attention sur des débris chitineux d'un certain volume, dont l'aspect rappelle absolument celui de la poche incubatrice du *Leptodora hyalina* Lillj. J'ai sous les yeux un nombre considérable de grands exemplaires de ce Crustacé provenant d'Jakostrov, rive ouest de l'Imandra (Laponie russe, 67°35' latitude N.), où ils ont été pêchés par mon ami Charles Rabot. La poche incubatrice de ces animaux, traités par l'acide osmique comme ceux de Sete Cidades, offre avec les débris en question une analogie incontestable. J'ai tenu à en faire mention, vu la place importante qu'occupe *L. hyalina* dans les faunes lacustres de l'Europe, de l'Asie et de l'Amérique du Nord. Il n'y aurait d'ailleurs pas lieu d'être surpris de trouver aux Açores, et cela malgré la différence peu marquée des saisons, des faits d'apparitions périodiques ou de successions d'espèces, identiques à celles que Weismann a signalées chez beaucoup de Cladocères (1).

(1) Voici en quelques mots le résumé des observations très intéressantes de Weismann : *Leptodora hyalina* semble ne pas exister dans le lac de Constance à la fin du mois d'avril. Il est probable que la première génération sortie des œufs d'hiver n'apparaît qu'au commencement de mai. Dans le courant de juin, le nombre des *Leptodora* est encore très faible ; il augmente en juillet et va croissant, de telle sorte qu'on trouve à la fin d'août des masses considérables de femelles parthénogénétiques. Les mâles se montrent en septembre ; ils deviennent de plus en plus fréquents, si bien que, dans les derniers jours d'octobre, leur proportion dépasse de beaucoup celle des femelles. A cette époque également les œufs d'été deviennent rares. C'est au commencement du même mois qu'on observe les premières femelles portant des œufs d'hiver. Il est exceptionnel de voir des œufs d'été à la fin d'octobre. La reproduction par le concours des sexes

Pour compléter le Tableau du produit des pêches de surface effectuées en plein lac, il faut noter aussi quelques grains de pollen de Conifères, divers Rhizopodes, notamment des *Difflugia*, dont l'enveloppe est formée de débris de ponces, des Rotifères du genre *Furcularia*, et, parmi les Cladocères, des *Alona* indéterminables et le *Pleuroxus nanus* Baird. Il est certain que des recherches suivies augmenteraient beaucoup cette liste; étant données ses dimensions restreintes, on finirait par trouver, au milieu de la nappe d'eau, surtout après les grands vents, la plupart des espèces littorales.

Les pêches de surface se distinguent surtout par l'abondance des végétaux; à mesure qu'en s'enfonçant on s'éloigne de la lumière, la flore diminue. La plupart des espèces finissent même par disparaître complètement. En même temps, le nombre des animaux pélagiques augmente d'une manière sensible. Le fait est surtout remarquable en ce qui concerne les *Daphnella* et les *Pedalion*. Quant aux *Asplanchna*, aux *Chydorus* et aux *Cyclops*, ils m'ont paru vivre indifféremment et à peu près en nombre égal à diverses profondeurs.

J'ai trouvé dans une pêche de fond plusieurs spécimens d'un petit Mollusque, dont la présence dans ces conditions est assez difficile à expliquer et sur lequel je reviendrai tout à l'heure (1).

En résumé, la faune est pauvre. C'est le cas général dans les petits lacs, alors même qu'ils paraissent situés dans des conditions infiniment plus favorables que celui-ci, au point de vue de l'introduction des animaux par transport (2). La faune pélagique ne s'y présente

---

devient alors régulière, et il en est ainsi jusqu'en novembre. A partir de cette date, le nombre des animaux diminue progressivement jusqu'en décembre. De janvier à mars, *L. hyalina* parait manquer absolument dans le lac. Weismann, *Entstehung der cyclischen Fortpflanzung bei den Daphnoiden*. (Beitr. z. Naturg. d. Daphn. Abh. VII, 1879, p. 384.)

(1) *Voir*, Chapitre VI, *Hydrobia* (?) *evanescens*, nov. sp.

(2) Voici quelques indications relatives à différents lacs dont l'étude a été faite d'une manière plus ou moins complète et qui se rapprochent par leurs dimensions de ceux de l'île San-Miguel.

	Latitude.	Altitude	Superficie.	Profondeur maximum.	Volume approximatif.
	° ′	m	km²	m	m³
Klönsee (Alpes centrales)	47. 2	804	1,2	27,00	11000000
Pfäffikon (Plateau suisse)	47.21	541	3,2	36,00	38000000
Monate (Province de Côme, Italie).	45.47	263	2,0	16,00 (50m?)	?
Alserio Id. .	45.47	259	1,6	10,00?	?
Comabbio Id. .	45.46	240	3,3	7,30 (15m?)	?

Explorés par Asper et par Pavesi, ces petits lacs paraissent être généralement moins riches en formes pélagiques que les grandes nappes d'eau qui les environnent.

pas moins avec ses caractères absolument nets. Sans parler de *Leptodora*, dont la détermination peut être considérée comme douteuse, *Daphnella brachyura*, *Asplanchna Imhofi* et *Pedalion mirum* appartiennent aux formes essentiellement *eupélagiques* (1). *Chydorus sphæricus* et *Cyclops viridis* représentent dans cet ensemble l'élément *tychopélagique*. Enfin, le nombre considérable des individus, comparé au chiffre réduit des espèces, est parfaitement conforme à ce que l'on connaît ailleurs pour ce genre d'associations animales.

III. — La faune profonde du Lagoa Grande.

Les remarques précédemment faites en ce qui concerne la dimension des lacs permet à peine de considérer comme appartenant à une faune profonde les animaux pris à 30^{m} dans le Lagoa Grande. J'en dirai peu de chose, non pas que leur étude ait été négligée, mais, par suite de circonstances heureuses, l'examen des matériaux recueillis n'a pour ainsi dire pas encore été commencé. Ils viennent d'être mis en culture, à l'abri des germes de l'air, suivant les meilleurs procédés actuellement en usage.

J'ai pu, en effet, rapporter à Paris, en parfait état et sans l'avoir ouvert depuis son remplissage sur le lac, un flacon bouché à l'émeri contenant du limon. Conservé à bord de l'*Hirondelle* sur une excellente table à roulis, ce flacon s'est trouvé placé à l'abri des secousses si difficiles à éviter à la mer, dans de bonnes conditions de température et de lumière. J'avais pris soin de ne pas l'emplir complètement et d'y laisser une certaine quantité d'eau. L'équilibre indispensable à la vie des organismes qu'il contenait s'y est établi d'une manière tellement satisfaisante que, trois mois après avoir quitté les Açores, ayant fait le voyage de Terre-Neuve, un séjour dans cette île et une traversée des plus rudes de Saint-Jean à Lorient, je possède encore

(1) Pavesi, *Altra serie di ricerche e studi sulla fauna pelagica dei laghi italiani* (Atti del. Soc. Venet. Trent. di Sc. Nat., Vol. VIII, 1883). C'est à regret, et faute d'autres actuellement admises, que j'emploie les expressions *eupélagique* et *tychopélagique*. Les progrès réalisés dans la connaissance des faunes lacustres tendent effectivement à démontrer que les distinctions établies par Pavesi ne répondent à aucun fait général. Mais ce n'est pas ici le lieu d'entrer, à ce sujet, dans une discussion qui devrait être nécessairement appuyée par de nombreux exemples et qui m'entraînerait à des développements étrangers au cadre de ce travail.

des échantillons vivants de la faune et de la flore profondes du Lagoa Grande (¹).

Quelques préparations faites au moment de la mise en culture m'ont procuré des Nématoïdes très vifs et une petite Planaire verte que je rapporte provisoirement au *Mesostoma viridatum* Ehrenb. La distribution géographique de ce Turbellarié est des plus étendues. On le connaît au Groenland, en Laponie, en Russie, dans toutes les îles Britanniques, dans l'Europe centrale et jusqu'en Nouvelle-Zélande (²). Du Plessis l'a trouvé très communément dans la faune profonde et littorale des lacs suisses (³).

Ces Vers vivent au milieu d'une masse floconneuse de couleur brune, qui paraît répondre exactement à ce que F.-A. Forel désigne sous le nom de *feutre organique* (⁴). Elle est formée de Diatomées d'espèces diverses dont la plupart semblent se multiplier très activement. On voit, en outre, à la surface du limon, quelques Algues vertes appartenant au groupe des Cœnobiées. Enfin, dans l'état actuel des cultures, des sillons très nets qui traversent le limon en tous sens, le long des parois du verre, révèlent certainement la présence de Crustacés relativement volumineux. Je n'ai point voulu risquer de compromettre le succès de mes expériences par une recherche prématurée de ces animaux.

L'étude du limon, faite sur divers échantillons, montre qu'il est formé en majeure partie de débris de ponces d'une extrême ténuité, reconnaissables à leur structure bulleuse. Les détritus végétaux sont assez abondants. On distingue çà et là quelques grains de pollen de Conifères, des sporanges de Fougères, des filaments de Conferves et un très grand nombre de carapaces de Diatomées. Parmi les corps figurés d'origine animale, je n'ai reconnu que des tests de *Chydorus* et des enveloppes de Rhizopodes du genre *Difflugia*.

La consistance du limon est singulièrement faible; on dirait une

---

(¹) Un flacon semblable, rempli dans les mêmes conditions, a été brisé pendant le cyclone que l'*Hirondelle* a subi le 23 août au retour de Terre-Neuve. C'est ce qui m'empêche, à mon grand regret, de donner ici l'analyse du limon du Lagoa Grande.

(²) Von Graff, *Monographie der Turbellarien I Rhabdocœlida*. Leipzig, 1882, p. 188.

(³) Du Plessis-Gouret, *Essai sur la faune profonde des lacs de la Suisse* (Soc. helvét. Sc. nat., 2ᵉ Partie, t. XXIX, 1885; p. 28).

(⁴) *Loc. cit.*, p. 100.

sorte de crème. La drague employée à bord de l'*Hirondelle*, pour prendre en vase molle de petits Crustacés marins, n'a pu en rapporter le moindre échantillon. Comme je l'ai dit plus haut, c'est à l'aide du filet en soie à bluter, dont la solidité égale la finesse, que j'ai pu ramener en grande quantité le limon du lac.

Abandonné dans une éprouvette, il ne tarde pas à se disposer par couches qui rappellent absolument par leurs caractères celles que F.-A. Forel a décrites dans l'argile du Léman ([1]).

IV. — La faune des eaux douces de l'île San Miguel.

Après avoir exploré les régions pélagique et profonde du Lagoa Grande, j'en ai recherché la faune littorale en me rapprochant peu à peu du rivage.

L'embarcation fut promenée d'abord parmi les végétaux aquatiques dont les touffes épaisses semblent marquer, à quelque distance de la rive, la limite extrême des basses eaux.

Une longue excursion eut lieu ensuite sur les bords du lac, particulièrement du côté nord-est. Dans cette direction s'étend effectivement une sorte de plage où viennent se déverser, lors des grandes pluies, divers petits cours d'eau qui forment en ce point comme un delta. La zone littorale y revêt au plus haut degré son caractère spécial et les animaux peuvent y être attirés ou retenus par l'abondance de la nourriture qu'amènent les torrents. Cette partie du rivage rappelle singulièrement l'aspect de certaines laisses de basse mer. On y voit une large grève de galets ponceux, parsemée de flaques d'eau que semble avoir abandonnées le jusant. J'aurai l'occasion de reparler de ces mares à propos de la métamorphose des Grenouilles. L'endroit est très fréquenté par les Sternes (*Sterna fluviatilis* Naumann) et je ne doute pas que ce ne soit également une station favorite pour les Oiseaux migrateurs.

Enfin, tout le côté nord du Lagoa Azul et les fossés de la route qui mène du village à la chaussée des lacs ont été l'objet de recherches attentives. Le 10 juillet, ces fossés, absolument pleins, débordaient même dans les prairies voisines.

---

(1) *Loc. cit.*, p. 56.

Comme l'indique le titre, j'ai réuni dans ce Chapitre tous les faits relatifs à la faune des eaux douces de l'île San Miguel, en dehors des zones lacustres pélagique et profonde. Les conditions d'existence sont en effet presque identiques pour les animaux qui vivent dans la partie littorale d'un lac ou dans une petite mare. Il est certain du reste que des recherches ultérieures feront découvrir, indifféremment dans l'une et l'autre station, beaucoup des mêmes espèces.

Les eaux stagnantes sont assez fréquentes aux environs de Ponta Delgada. C'est une coutume générale, dans les magnifiques jardins qui entourent la ville, de recueillir pour l'arrosage toutes les eaux pluviales. En fort peu de temps, les terres entraînées, les feuilles mortes et autres détritus forment, dans les bassins à ciel ouvert, des vases très riches en matière organique où prospèrent une foule d'Invertébrés. J'ai fait notamment une fort belle récolte dans un réservoir abandonné de la propriété du vicomte dos Loranjeiras. Le fond n'en avait pas été curé depuis longtemps, aussi des Entomostracés, des Rotifères et des Vers y grouillaient-ils littéralement.

La population animale est loin d'être partout aussi dense ; elle se montre plutôt clairsemée ou, pour mieux dire, les types qui la constituent n'attirent pas le regard. C'est ce qui explique comment les voyageurs ont passé jusqu'ici sans les voir à côté d'une foule d'espèces. Tous se sont obstinés à chercher les Mollusques et les Insectes de grande taille comme ils l'eussent fait en Europe, alors qu'il fallait au contraire s'adresser aux êtres de dimensions réduites et s'efforcer de les prendre par des procédés nouveaux ([1]).

En suivant cette voie toute différente, on ne tarde pas à recon-

---

([1]) Le passage suivant, emprunté au professeur Fouqué, peut être considéré comme l'expression la plus fidèle du sentiment qui se dégage des différents travaux de Morelet, de Drouet et de Godman, au sujet de la pauvreté de la faune des eaux douces dans tout l'archipel açoréen :

« .....Les recherches les plus minutieuses n'ont pas amené la découverte du plus petit Mollusque ni dans les lacs, ni dans les marécages, ni dans les cours d'eau, ni dans les petites fontaines des régions montagneuses qui sont si nombreuses et jamais complètement à sec. A part la Grenouille, dont l'introduction est toute récente, l'Anguille et le Cyprin, dont l'importation me paraît également certaine, les eaux douces des Açores ne contiennent d'autres organismes vivants que quelques larves d'Insectes et quelques plantes aquatiques. Avant l'arrivée des Européens, la vie animale devait y être à peu près nulle..... ». F. Fouqué, *Voyages géologiques aux Açores*. (Revue des Deux-Mondes, 15 avril 1873, p. 851.)

naitre que la faune des eaux douces des Açores compte des représentants de la plupart des groupes d'Invertébrés. Certains d'entre eux y occupent même une place considérable autant par le nombre des espèces que par celui des individus.

Tels sont, par exemple, les Rotifères. Il a été question ci-dessus des types pélagiques. Les formes littorales sont bien autrement variées. J'ai trouvé à Sete Cidades et aux environs de Ponta Delgada les genres principaux de la plupart des familles *Melicerta, Cephalosiphon, Philodina, Rotifer, Actinurus, Furcularia, Monostyla* (¹). Très certainement, on en découvrira par la suite un beaucoup plus grand nombre. Je suis même convaincu, bien que n'ayant pas eu le loisir d'y faire des recherches, qu'on en rencontrera dans les eaux thermales minéralisées, notamment à Furnas. Les Rotifères doivent vivre là comme ailleurs dans des conditions physico-chimiques toutes particulières (²).

(¹) Pour l'énumération des espèces et les observations qui les concernent *voir* Chapitre VIII, *Tableau de la faune des Açores*.

(²) M. Certes, président de la Société zoologique de France, vient de trouver ces animaux (*Philodina roseola* Ehrenb.) en abondance dans les eaux bicarbonatées sodiques de Néris (Allier). Ils sont particulièrement nombreux dans les piscines où la température se maintient au voisinage de 35°. On en trouve également, mais en moindre quantité, dans les refroidissoirs où l'eau atteint 45°. M. Certes, à l'obligeance duquel je dois ces détails, m'a montré dans son laboratoire toute la faune des eaux de Néris conservée vivante dans une étuve depuis deux mois. On y voit, outre les Rotifères, beaucoup d'Infusoires, des *Chætonotus* et des *Elosoma*, probablement identiques à ceux que le professeur Perroncito a rencontrés aux thermes de Vinadio (Piémont). L'eau rapportée à Paris par M. Certes n'a pu être maintenue, pendant le voyage, à la température des piscines; bien qu'elle se soit refroidie et qu'elle ait été ensuite réchauffée, les divers organismes qui s'y trouvent n'ont paru souffrir en aucune façon de ces oscillations thermiques.

Dans le travail auquel j'ai fait allusion (*Osservazioni fatte alle Terme di Vinadio*, Annali del R. Accad. d'Agric. di Torino, Vol. 28; 1886) le professeur Perroncito insiste sur la prédominance des Rotifères et de *Philodina roseola* en particulier parmi les divers animaux qui composent la faune. D'après les *fig.* 14, 15 et 16 de la *Pl. I^a*, les *Rotiferi minori*, d'ailleurs assez mal représentés, que le savant italien ne désigne pas autrement, sembleraient appartenir aux genres *Notommata, Furcularia* et *Metopidia*. Le milieu où ils vivent offre une température constante de 30° à 31°.

Je ferai remarquer, du reste, que les eaux minérales ne sont pas les seules où l'on puisse trouver normalement une chaleur pareille. Miklucho-Maclay a observé dans un lac de la Nouvelle-Guinée une température de 31°, et le Dʳ Jullien m'informe que du 20 au 25 juillet il a constaté dans le Toulé-Sap (Cambodge) une température de 34°, celle de l'air étant de 32°. Sous les tropiques, la température de la mer dans la zone littorale atteint parfois un degré assez élevé sans que les animaux paraissent en souffrir. Ainsi le professeur K. Möbius a trouvé du 1ᵉʳ au 8 février, 9ʰ du matin, à Port

Il est permis d'étendre aux Entomostracés les remarques faites à propos des Rotifères. Pour eux, également, le Catalogue des formes augmentera vite à mesure que les recherches se multiplieront. En

---

Victoria dans l'île de Mahé, à 7m de profondeur, une température à peu près uniforme de 33°, laquelle est montée à plusieurs reprises jusqu'à 33°,5, celle de l'air variant durant la même période de 24° (minimum) à 34°,5 (maximum) (K. Möbius, *Beiträge zur Meeresfauna der Insel Mauritius und der Seychellen;* Berlin, 1880, p. 61).

Il est vraiment singulier que la faune des eaux minérales, si intéressante à tant d'égards et spécialement au point de vue physiologique, n'ait pas davantage fixé l'attention des zoologistes. A l'aide de documents épars, j'ai pu dresser une liste d'environ *quatre-vingts espèces,* provenant de presque toutes les parties du monde et comprenant des Protozoaires, des Vers, des Crustacés, des Insectes, des Mollusques et des Poissons.

Ces derniers sont bien plus nombreux qu'on ne le croit généralement. Sans parler du fait contestable signalé depuis longtemps par Sonnerat aux Philippines [*Observation d'un phénomène singulier sur des Poissons qui vivent dans une eau qui a* 69° (Réaumur) *de chaleur,* Journ. de Phys., Vol. III; 1774], on sait que le voyageur Reynaud a pêché dans les sources de Cannea à Ceylan deux Percoïdes décrits par Cuvier et Valenciennes sous le nom d'*Ambassis thermalis* et d'*Apogon thermalis.* Les Poissons des eaux chaudes de la Tunisie et de l'Algérie sont également bien connus, de même ceux que Louis Lartet a trouvés au voisinage de la mer Morte, etc.

La flore des sources thermales a fait l'objet de recherches beaucoup plus sérieuses que leur faune, et la bibliographie du sujet présente déjà une certaine étendue. Les instructions données aux naturalistes du *Challenger* appelaient leur attention sur ce point, et c'est même à cette circonstance que l'on doit la découverte de quelques Protozoaires des Açores, recueillis à Furnas avec les plantes. On y a trouvé, en divers endroits, dans des eaux chaudes dont la température exacte n'a malheureusement pas été prise, une cinquantaine d'espèces d'Algues, comprenant des Conferves, des Diatomées et des Desmidiées. Ces dernières sont de beaucoup les plus nombreuses. Pour les détails *voir* H.-N. Moseley, *Notes on Fresh water Algæ obtained at the Boiling Springs at Furnas, St. Michael's, Azores and their Neighbourhood.* — W.-T. Thiselton Dyer, *Note on the foregoing Communication.* — W. Archer, *Notes on some Collections made from Furnas Lake, Azores, containing Algæ and a few other Organisms,* Journ. of the Linn. Soc. Botany, Vol. XIV; Londres, 1875.

Les indications données par Moseley (*loc. cit.,* p. 324) sur la température des eaux de Furnas sont très incomplètes. Elles comprennent quelques observations faites par l'auteur, *à la main,* sans thermomètre, et résument quelques travaux antérieurs (Webster, Mouzinho de Albuquerque et Hartung; *voir* Hartung, *loc. cit.,* p. 172, 173). On trouvera des renseignements beaucoup plus détaillés à ce sujet dans les publications suivantes : E. Fouqué. *Résultats généraux de l'analyse des sources geysériennes de l'île San Miguel (Açores).* Compt. rend. Acad. sc., 2 juin 1873 et *Rapport relatif à l'analyse des eaux thermales de l'île de San Miguel,* Lisbonne, 1873.

Il résulte des études du professeur Fouqué que, parmi les nombreuses eaux minérales examinées, certaines ont une température de 16°, d'autres de 98° et au delà, tous les degrés intermédiaires pouvant se rencontrer. L'auteur croit même que l'eau de la Caldeira Grande, à Furnas, peut dépasser 100°, étant donnée sa teneur en sels. La violence du jet de cette source geysérienne l'a empêché d'y maintenir un thermomètre au point d'émergence; l'instrument marquait 98°,5 à quelque distance.

ce qui concerne les Ostracodes notamment, on peut affirmer que des types vulgaires viendront prendre place auprès de l'espèce nouvelle, *Cypris Moniezi*, qui seule jusqu'ici avec *C. virens?* Jur., trouvé à Fayal, représente le groupe dans la faune de l'archipel. De même pour les Cladocères. Il suffit d'avoir vu, comme cela m'est arrivé, la pullulation prodigieuse de *Daphnia pulex* dans les mares de Ponta Delgada pour avoir la certitude que ces Crustacés et leurs congénères trouvent à San Miguel des conditions très favorables à leur développement.

Les Tardigrades, les Hydrachnides et les Acariens donneront lieu également à d'intéressantes découvertes. Les représentants des deux derniers groupes sont fort nombreux. J'estime en avoir recueilli, sans les chercher spécialement, sept ou huit espèces. En s'attachant à leur étude, on arriverait sans aucun doute à réunir un grand nombre de formes, ainsi que l'a fait, par exemple, le Dr Zacharias dans les lacs de l'Allemagne du Nord (1).

J'appellerai encore l'attention sur différents ordres de la classe des Vers, les Turbellariés et les Nématoïdes entre autres, y compris les *Chætonotus*.

J'ai vu maintes fois des Planaires, dont l'étude n'a pu être faite et qu'il serait indispensable d'examiner sur place. D'autre part, leurs capsules ovigères, très résistantes comme l'on sait, se retrouvent dans les sédiments que j'ai rapportés.

Les Oligochètes aquatiques fourniront de leur côté bon nombre d'espèces; je signale actuellement *Naïs elinguis* et *Tubifex rivulorum*, tous deux très abondants. Les Hirudinées se rencontrent aussi à San Miguel; je n'y ai vu que des cocons, mais j'ai pris à Fayal *Nephelis octoculata* Bergm. On remarquera que les types comme les Clepsines, dont les œufs, dépourvus de cocons, restent fixés à l'organisme maternel et sont par conséquent moins faciles à disséminer, n'ont pas été rencontrés.

Afin d'éviter des répétitions inutiles, le Tableau complet de la faune des eaux douces de l'île San Miguel ne sera pas donné ici. Pour les détails, on voudra bien se reporter au Chapitre VIII. Dans les paragraphes qui suivent, j'entre dans quelques développements

(1) Zacharias, *Zur Kenntniss der pelagischen und littoralen Fauna norddeutschen Seen* (Zeitsch. f. Wiss. Zoolog., vol. 45, 1887; p. 266).

au sujet de certaines espèces ou de certains groupes dont l'étude offre un intérêt particulier.

Rana esculenta Lin. *Son alimentation.* — La Grenouille verte, peu répandue à Fayal, est très commune à San Miguel ; on l'y trouve dans les lacs et dans les moindres pièces d'eau. D'après Drouet ([1]), elle aurait été introduite, dans la dernière de ces îles, vers 1820 par le vicomte de Praia qui la fit venir de Portugal. Cette origine est pleinement confirmée par l'étude des individus que j'ai rapportés.

M. Héron Royer, qui a bien voulu les examiner, leur a reconnu tous les caractères de la sous-espèce récemment créée par Victor Lopez Seoane pour les spécimens du nord-ouest de l'Espagne et du Portugal. Voici la description même de l'auteur espagnol ([2]) :

« *Rana esculenta Perezi* Seoane. — Tête peu déprimée, le museau plutôt court et très obtus, régions loréales peu obliques ; narine à peu près également distante de l'œil et de l'extrémité du museau ; espace interorbitaire ayant à peine la moitié du diamètre de la paupière supérieure, tympan égalant les deux tiers du diamètre de l'œil. Membre postérieur de longueur variable ; articulation tibio-tarsienne atteignant soit le bord postérieur de l'orbite, soit le milieu de l'espace qui sépare l'œil de la narine, soit un point situé entre les deux précédents. Tubercule métatarsien interne extrêmement petit, elliptique, nullement proéminent ; sa longueur est égale au tiers ou au quart de celle du doigt interne. Peau faiblement verruqueuse ; repli latéral glandulaire modérément saillant, plus étroit que la paupière supérieure. Dessus du corps d'un vert brillant ou sombre, tacheté de noir. Une ligne verte peu apparente s'observe chez beaucoup d'individus ; tympan et repli latéral glandulaire bronzés ; flancs marbrés de noir. Pattes marquées de lignes noires obliques irrégulières. Le côté postérieur des cuisses n'est pas jaune. Face ventrale blanche, tachée ou marbrée de noir.

» Ce Batracien a été trouvé jusqu'à près de 500^{m} d'altitude (1424 pieds) ».

([1]) *Éléments de la faune açoréenne*, Troyes et Paris, 1861, p. 30.

([2]) *On two forms of Rana from N.-W. Spain* (The Zoologist, mai 1885.)

L'espèce ne paraît pas s'être écartée du type portugais depuis son introduction aux Açores. Les Têtards, dont j'ai recueilli un grand nombre à divers états de développement, le 10 juillet, sur les bords du lac de Sete Cidades, dans une eau vraiment tiède, ne présentent rien de particulier, si ce n'est une coloration blanc irisé de l'abdomen. M. Héron-Royer a constaté le même fait chez tous les Têtards de *Rana esculenta* qu'il a reçus d'Algérie.

Le Dr O. Bœttger, de Francfort-sur-le-Mein, a publié récemment des observations pleines d'intérêt, faites sur une belle série de Grenouilles, rapportées de Sete Cidades par le Dr H. Simroth (1). Ce naturaliste a recueilli un certain nombre de *R. esculenta* offrant tous les caractères de l'adulte, mais encore munies d'une véritable queue bien colorée et douée de mouvement. Il est remarquable de voir combien la taille de ces spécimens dépasse celle des mêmes Batraciens devenus déjà complètement anoures, et cela dans des conditions de milieu en apparence identiques. Voici quelques mesures prises par le Dr O. Boettger.

Jeunes grenouilles normalement développées, sans trace de queue.

Du bout du museau à l'anus.... 19mm Membre inférieur............. 28mm

Jeunes grenouilles ayant une queue longue de 6mm.

Du bout du museau à l'anus.... 26mm Membre inférieur............. 46mm

Têtards quadrupèdes, à branchies réduites, ayant encore le bec corné.

Du bout du museau à l'anus. 25mm Membre inférieur. 43mm Queue... 40mm

A Sete Cidades, l'état hygrométrique de l'air atteint souvent 90 pour 100. Le Dr Simroth attribue, en partie, à cette circonstance la lenteur de la transformation des Batraciens, chez lesquels une humidité extrême ne provoque en aucune manière la chute des branchies; mais il place en première ligne le défaut de nourriture. Assurément, celle-ci n'abonde point; toutefois, bien que je n'aie pas rencontré les Grenouilles à queue, certains faits, résultant de mes observations personnelles et relatés ci-après, me portent à croire que

(1) O. Boettger, *Verzeichniss der von Herrn Dr Heinr. Simroth aus Portugal und von den Azoren mitgebrachten Reptilien und Batrachier.* (Sitzungsber. d. K. P. Akad. d. Wiss. Berlin, 3 mars 1887.)

le zoologiste allemand, ayant ouvert bon nombre d'estomacs de *Rana* pour en examiner le contenu, a été peu favorisé dans ses recherches.

A mon avis, l'alimentation insuffisante, capable de retarder les métamorphoses, n'est pas générale. Elle n'existe qu'au cas où un grand nombre d'animaux se trouvent isolés, ainsi que je l'ai vu, par suite du retrait du lac, dans les flaques d'eau précédemment décrites. Là, en effet, la disette doit se faire sentir quand on voit, comme cela m'est arrivé, les jeunes Batraciens serrés les uns contre les autres au point de pouvoir à peine nager (¹). C'est, sans aucun doute, dans ces conditions que se produisent les irrégularités de développement constatées par le Dr Simroth.

Quoi qu'il en soit, l'intestin des Têtards de Sete Cidades contient fréquemment de véritables amas de Diatomées. On y trouve en outre certaines espèces de Rotifères qui pullulent sur les bords du lac, précisément dans les eaux tièdes des petites mares sujettes à des dessèchements accidentels. De très jeunes Têtards s'aventurent parfois ou sont entraînés loin du rivage. A l'extrême limite de la zone littorale, j'en ai pris un dont la longueur atteignait à peine 6mm et qui semblait s'être nourri aux dépens de la flore pélagique. Son intestin contenait, parmi quelques fragments d'Algues méconnaissables, des Diatomées, des Desmidiées, des Volvocinées et un certain nombre de *Glenodinium*. Pour absorber une telle nourriture, le bec corné est évidemment inutile.

Quant aux Batraciens adultes, tous les explorateurs, pourvu qu'ils aient quelque expérience, savent que ce sont de précieux auxiliaires pour l'étude de la faune terrestre et fluviatile. Le contenu de leur estomac doit toujours être examiné avec soin. On y trouve souvent des espèces qui ont échappé aux recherches les plus minutieuses. C'est ainsi qu'une Grenouille, prise dans le cratère de Fayal, m'a fourni une quinzaine d'exemplaires d'une Araignée inconnue jusqu'ici aux Açores, *Erigone atra* Blackwall. — Ces Arachnides se trouvaient d'ailleurs en compagnie d'un Myriopode, *Lithobius erythrocephalus* C. Koch, également nouveau pour la faune de

(¹) J'ai trouvé, dans ces eaux pleines de Têtards, un Hémiptère très répandu en Europe, *Corixa atomaria* Illig., qui paraît vivre aux dépens des jeunes Batraciens.

l'île, de trois Coléoptères appartenant à deux espèces distinctes du genre *Anchomenus*, et d'un grand nombre de Diptères à demi digérés.

Cyprinopsis auratus Lin. *Son alimentation* — On sait que le Cyprin doré a été apporté de Chine en Europe par les Portugais; ce sont eux sans doute qui l'ont introduit aux Açores où il s'est parfaitement acclimaté (¹).

Ce Poisson abonde dans toutes les eaux de l'île San Miguel. Il est extrêmement commun dans les lacs de Sete Cidades. On en conserve même dans des viviers, afin d'en avoir toujours en réserve pour les usages culinaires. J'en ai vu de rouges et de bruns ; ces derniers, comme le rapporte Drouet (²), sont de beaucoup les plus répandus. Le plus grand que j'aie conservé mesure 21^{cm} de longueur.

Ce beau spécimen ne rappelle en rien les *kümmerliche Goldfische* dont parle le Dr Simroth (³); son tube digestif était vide. D'autres

---

(¹) « Les Portugais, après avoir découvert la route de l'Inde par le cap de Bonne-Espérance, ont d'abord naturalisé les Dorades au Cap, où elles sont encore aujourd'hui très communes et d'où elles seraient venues ensuite à Lisbonne. » (Cuvier et Valenciennes, *Histoire naturelle des Poissons*, Vol. XVI, p. 109.) D'après Günther (*An Introduction to the study of fishes*, 1880), le Poisson rouge aurait été introduit en Angleterre en 1691. Les Açores ne sont pas les seules îles où le Cyprin doré se soit complètement acclimaté : le même fait s'est produit à Sainte-Hélène et à l'île Maurice.

La vitalité de ce Poisson est d'ailleurs remarquable; c'est une espèce vraiment *eurytherme*, qui résiste aux hivers parfois très rigoureux de la Chine et supporte également bien la chaleur. John Davy a fait à ce sujet d'intéressantes expériences. Le Cyprin doré ne meurt pas dans l'eau à 93° Fahr. (près de 34° C.), et reprend bientôt toute son activité lorsqu'on le replace dans un milieu moins chaud. (J. Davy, *Physiological Researches*, Londres, 1863. p. 300).

En Angleterre, les Cyprins dorés, introduits dans les bassins de condensation des eaux d'usines, y vivent à une température de 26°,7. Ce milieu spécial paraît être des plus favorables à leur développement et à leur multiplication. Trois couples de ces Poissons, jetés dans un bassin de ce genre, y pullulèrent en trois ans au point qu'on enleva leur progéniture à pleines brouettes, à la suite de la contamination accidentelle des eaux par le vert de gris. La présence des Cyprins dans ces réservoirs semblerait offrir quelque utilité; ils absorberaient, en effet, les matières grasses de rebut dont l'accumulation à la surface empêcherait à la longue le refroidissement des eaux. (W.-F. Edwards, *On the influence of physical agents of life;* traduction anglaise de Hodgkin et Fisher, 1832 : note de la page 467.)

En France, je connais des Cyprins placés dans des conditions semblables à Roubaix et au Creusot. *Voir* ci-dessus, pages 21 et 22, la note (2) relative à la faune des eaux thermominérales.

(²) *Loc. cit.*, p. 135.

(³) *In litt.* Boettger, *loc. cit.*, p. 193.

exemplaires plus petits m'ont paru se nourrir spécialement de substances végétales. Toutefois, l'examen des viscères d'individus très jeunes, mesurant de 11^{mm} à 22^{mm} de longueur, prouve que le Cyprin doré est loin d'être exclusivement herbivore. Il semblerait avoir des habitudes d'autant plus carnassières qu'il se trouve plus éloigné de l'état adulte, comme s'il existait une relation entre la qualité des aliments et la rapidité de la croissance.

Toujours est-il que les jeunes Poissons se nourrissent principalement de *Chydorus sphæricus*, dont la présence en grand nombre, auprès du rivage, est ainsi mise hors de doute. Les Cyclopes se voient très rarement dans les intestins, soit qu'ils restent cantonnés dans la région pélagique, soit que la vivacité de leurs mouvements leur permette d'échapper à la voracité des Cyprins. Il est certain d'ailleurs que ceux-ci ne font aucun choix et absorbent indistinctement tout ce qui passe à leur portée. C'est ainsi que des Volvocinées, des Desmidiées et des Péridiniens sont avalés avec les Cladocères, dont la masse remplit presque tout le tube digestif (1).

De même que les Têtards, les jeunes Cyprins s'aventurent parfois au milieu du lac. Un individu, long de 12^{mm}, m'a fourni des débris de la plupart des représentants de la faune pélagique. J'ai trouvé, entre autres choses dans son estomac, des fragments de *Daphnella brachyura* et des mastax de *Pedalion mirum* et d'*Asplanchna Imhofi*. La digestion des parties molles les avait mieux préparés pour l'étude que les meilleurs réactifs.

Dans la caldeira de Fayal, il ne m'a pas été possible de capturer un seul Cyprin adulte (2); mais tous les jeunes, longs de 30^{mm} à

(1) J'ai eu l'occasion de montrer, lors de travaux antérieurs publiés en collaboration avec le professeur G. Pouchet, que divers animaux marins se comportent exactement comme le Cyprin dans le cas actuel. [G. Pouchet et J. de Guerne, *Sur l'alimentation des Tortues marines* (Comptes rendus de l'Académie des Sciences, 12 avril 1886); *Sur la nourriture de la Sardine* (Ibid., 7 mars 1887)]. Il résulte également de ces recherches que l'examen du contenu de l'estomac des Poissons, en particulier, fournit des documents pleins d'intérêt au point de vue de la Géographie zoologique, même en ce qui concerne les êtres les plus délicats. *Voir* mon travail déjà cité *Sur les genres* Ectinosoma *Boeck et* Podon *Lilljeborg*, etc. L'étude de nombreux matériaux recueillis pendant les campagnes de l'*Hirondelle* me fera du reste revenir prochainement sur ce sujet.

(2) D'après le professeur E. Perrier (*Les explorations sous-marines*, p. 86), l'introduction du Cyprin dans cette localité serait due à la fantaisie d'un ingénieur anglais.

45^{mm}, dont j'ai examiné l'intestin, m'ont procuré, sur la faune, des renseignements pleins d'intérêt. Avec la Grenouille citée plus haut, ces Poissons suffiraient presque à donner l'idée de la population animale de l'endroit. On y trouve *Alona testudinaria* en très grand nombre, *Chydorus sphæricus*, les débris d'un *Canthocamptus* indéterminable, des larves d'Insectes, des Hydrachnides, des Acariens, des œufs de Turbellariés, des *Naïs*, des Rotifères du genre *Monostyla* et la plupart des Rhizopodes mentionnés ci-après, *Nebela collaris* entre autres (¹). Les Desmidiées d'espèces très diverses s'y rencontrent aussi en abondance, contrairement à ce que l'on observe à Sete Cidades, où les Diatomées sont beaucoup plus communes.

En somme, les Cyprins vivent à Fayal dans un marécage à limites variables où ils ont souvent l'occasion de chercher leur nourriture sur des terrains inondés, parmi les *Sphagnum* et les Joncs, dans des eaux très chargées de plantes et d'animaux microscopiques.

A Sete Cidades, leurs conditions d'existence sont différentes et se rapprochent davantage de l'état normal. Des bandes nombreuses de Poissons circulent entre les végétaux aquatiques le long des rives des lacs et se laissent prendre avec la plus grande facilité (²).

Plumatella repens Lin. — J'ai trouvé de magnifiques colonies de ce Bryozoaire dans le Lagoa Azul, à Sete Cidades, près de la chaussée qui sépare ce lac du Lagoa Grande. Ces colonies, développées autour des tiges de plantes aquatiques, affectent la forme de cylindres atteignant parfois une longueur de 0^{m},30 sur un diamètre de 0^{m},02. Cette forme décrite par Pallas sous le nom d'*Alcyonella fungosa* représente l'état de développement le plus énergique de la Plumatelle (³).

(¹) *Voir*, Chapitre V, *La caldeira de Fayal et le torrent de Flamengos*. — Chapitre VIII, *Tableau de la faune des Açores*.

(²) Plusieurs propriétaires ont essayé récemment d'introduire dans les eaux de San Miguel diverses espèces de Salmonides. D'après les spécimens que le Dr C. M. G. Machado m'a montrés au Musée de Ponta Delgada, ces Poissons n'auraient pas encore atteint une taille considérable. Je ne crois pas qu'il y ait lieu de fonder de grandes espérances sur la culture des Salmonides dans l'archipel. Les eaux y sont en général trop chaudes. Par contre, les amateurs qui voudront bien étudier un peu la Zoologie et spécialement la Géographie zoologique avant de tenter de nouvelles expériences seront étonnés du nombre des Poissons utiles dont le choix est tout indiqué pour l'acclimatation aux Açores.

(³) Jullien, *Monographie des Bryozoaires d'eau douce* (Bull. Soc. zool. de France, t. X, 1885, p. 12 et suiv. du tirage à part, *fig.* 69).

Cependant, le véritable aspect Alcyonelle se voit aux extrémités des cylindres, dans les points où les zoécies ne se trouvent pas serrées les unes contre les autres.

Les statoblastes de ce Bryozoaire se rencontrent un peu partout dans les lacs de Sete Cidades, aussi bien près du rivage que loin de celui-ci. J'en ai trouvé également dans les eaux stagnantes des jardins à Ponta Delgada.

Des appareils de dissémination aussi résistants doivent favoriser à un haut degré l'extension de l'espèce. C'est, en effet, ce qui a été constaté et qui le sera de plus en plus, j'en ai la conviction, lorsque l'étude des Bryozoaires d'eau douce cessera d'être négligée comme elle l'est généralement aujourd'hui. Le Dr Jullien a reconnu sur des *Unio* provenant des environs de Madras des statoblastes très voisins de ceux de *P. repens*. D'autre part, Carter dit avoir observé cette forme dans l'Inde, près de Nangpoor. Elle existe dans toute l'Europe, depuis les Orcades jusqu'en Russie, depuis la Suède jusqu'en Italie et aux Pyrénées. En France, elle est connue dans un très grand nombre de localités (1).

Protozoaires. — Ehrenberg a signalé, en 1854 (2), trois Rhizopodes trouvés dans quelques parcelles de terre extraites des cavités d'une pierre ponce, rapportée de l'île San Miguel par le Dr Albers. L'un d'eux, considéré comme nouveau, reçut le nom de *Difflugia azorica*, mais ne fut représenté et décrit que beaucoup plus tard (3). Il ne paraît pas avoir été recherché à nouveau ni revu; la figure d'Ehrenberg est des plus médiocres; quant à la diagnose (4), elle

---

(1) *Voir* Jullien, *loc. cit.* p. 15-19.

(2) *Mikrogeologie*, p. 275.

(3) En 1871; la figure a paru avant la description dans : *Uebersicht der seit 1847 fortgesetzten Untersuchungen über das von der Atmosphäre unsichtbar getragene reiche organische Leben*, Pl. II, fig. 29. La description se trouve dans le travail intitulé : *Nachtrag zur Uebersicht der organischen Atmosphärilien*, p. 249. Ces deux Mémoires, publiés en 1872, dans le Volume de l'année 1871 des Abhandlungen der K. Akad. der Wissens. zu Berlin, sont parmi les derniers qu'ait écrits Ehrenberg, décédé, comme l'on sait, le 27 juin 1876, à l'âge de 81 ans.

(4) **Difflugia azorica.** — *Lorica ovata, altero fine rotundato, altero frontali truncato. Superficies irregulariter et subtiliter punctata, ostio frontali lato edentato. Longit.* $\frac{1'''}{54}$ *Latit.* $\frac{1'''}{80}$. *Ex insula San Michael azorica.* (Ehrenberg, *Nachtrag zur Uebersicht*, etc. p. 249.) Ehrenberg range *D. azorica* dans un groupe d'espèces désigné sous le nom

peut s'appliquer indifféremment à bien des espèces du genre. Dans sa belle Monographie des Rhizopodes d'eau douce, de l'Amérique du Nord, Leidy cite *D. azorica* sans aucun commentaire (1). Je ne crois pas qu'il y ait lieu de conserver cette espèce.

Les deux autres Rhizopodes (*Difflugia oligodon* Ehr. et *Trinema enchelys* Ehr.), cités par Ehrenberg, peuvent être regardés comme cosmopolites; ils ont été reconnus jusque dans les poussières d'alizés (*Passatstaub*). Toutefois Leidy ne paraît pas avoir observé aux États-Unis la première de ces espèces. Je ne l'ai point retrouvée non plus aux Açores et W. Archer ne l'a pas vue parmi les matériaux rapportés de Furnas par l'expédition du *Challenger* (2).

Quant à *Trinema enchelys*, je l'ai recueilli en abondance à Sete Cidades, notamment dans le Lagoa Azul, sur des débris végétaux flottants. Archer a constaté sa présence dans les eaux thermales de Furnas (3), avec *Centropyxis aculeata* Ehr. et *Euglypha alveolata* Duj. Le même auteur signale encore, dans cette localité, *Pleurophrys fulva* Archer, qui n'est autre chose, d'après Leidy (4), qu'un *Pseudodifflugia*, puis *Difflugia acuminata* Ehr., déterminé avec doute

---

d'*Exassula*. Celui-ci se divise à son tour en deux catégories : l'une (*Crossopyxis*), comprenant les formes à ouverture munie de dents; l'autre (*Lagynus*), renfermant celles dont l'ouverture n'en présente point. A la page 245 (*loc. cit.*), *D. azorica* est classé parmi les *dentatae*. Quatre pages plus loin (p. 249) se trouve la diagnose reproduite ci-dessus, où l'on peut lire : *ostio... edentato*. La figure, mauvaise, comme je l'ai dit, serait plutôt conforme à la diagnose.

(1) Leidy, *Fresh-water Rhizopods of North America* (Report of the U.-S. geol. surv. of the territ., vol. XII, 1879, p. 306).

(2) Archer. *loc. cit.* *Voir* p. 21 et 22 du présent travail la note (2), sur la faune des eaux minérales. La Notice d'Archer, où il est à la fois question d'Algues et de Protozoaires, ayant paru dans un recueil spécialement consacré à la Botanique, semble avoir échappé aux zoologistes les plus soigneux de la Bibliographie. Elle ne figure pas dans l'excellente *Bibliotheca zoologica* du Dr O. Taschenberg, actuellement en cours de publication.

(3) Archer, *loc. cit.*, p. 337. Il y a lieu de faire quelques réserves au sujet de la provenance des Rhizopodes signalés dans les eaux thermominérales de Furnas. Pour être certain qu'ils y vivent réellement, il faudrait les avoir observés sur place. Le vent, par exemple, pourrait bien y amener soit des Protozoaires vivants, dont les coquilles seules se retrouveraient, les animaux ayant péri, soit même des coquilles vides enlevées dans le voisinage. Cependant, l'existence de Rhizopodes dans un milieu chaud n'a rien d'invraisemblable; mais il demande confirmation, étant donnés surtout les écarts précédemment indiqués dans la température des diverses sources de Furnas. *Voir* la note (2), p. 21 et 22, du présent travail.

(4) Leidy, *loc. cit.*, p. 200. *Pseudodifflugia gracilis?* Schlumberger.

(*D. mitriformis?* Wallich), et enfin une espèce nouvelle qui n'appartient peut-être pas au genre *Difflugia* et que l'on trouve aussi, paraît-il, dans les Iles Britanniques (¹).

Le savant anglais s'étonne de ne point voir aux Açores *Arcella vulgaris* Ehr., *Difflugia pyriformis* Perty et *D. spiralis* Ehr., si répandus partout. Je puis combler cette lacune en ce qui concerne les deux premières de ces formes. L'une existe dans la caldeira de Fayal et se rencontrera sûrement ailleurs en différents points de l'archipel. La seconde est très commune à la surface du limon du Lagoa Grande, à Sete Cidades; son enveloppe, d'une transparence parfaite, se compose uniquement de débris de ponces. Ehrenberg avait déjà signalé, chez les *Polygastriques* des Açores, cette particularité, qui tient tout simplement à la nature du sol (²).

Pour terminer ce qui a trait aux Rhizopodes, j'ajouterai que j'ai recueilli, aux environs de Ponta Delgada, la variété lisse de *Centropyxis aculeata*, que plusieurs naturalistes ont distinguée à tort comme une espèce, sous le nom de *C. ecornis* Ehr. Je citerai enfin, dans ce Chapitre, bien que les ayant observées seulement à Fayal, les formes suivantes : *Difflugia constricta* Ehr., *Nebela collaris* Ehr. et *Hyalosphenia sp.?* On les retrouvera, sans aucun doute, et d'autres avec elles, dans les îles où l'on voudra simplement prendre la peine de faire quelques excursions dans ce but.

Le climat des Açores paraît être, en effet, des plus favorables au développement des Rhizopodes. Dès les premières courses dans l'archipel, l'œil le moins exercé reconnaît en une foule de points l'habitat préféré de ces animaux. Ce ne sont partout que ravins humides, sources fraîches et vastes champs de *Sphagnum*. Ceux-ci passent avec raison pour être la station favorite des Rhizopodes et la récolte relativement riche que j'ai faite dans la caldeira de Fayal, au milieu de ces végétaux, est de nature à encourager les recherches, celles-là surtout dont le produit pourrait être examiné dans le pays à l'état frais.

Nul doute que des études ainsi poursuivies n'amènent la découverte d'un grand nombre de Protozoaires dont il ne reste aucune

(¹) Archer, *loc. cit.*, p. 337, 338.
(²) Ehrenberg, *Mikrogeologie*, p. 275.

trace. Archer, en insistant sur ce point [1], se borne à signaler à Furnas un *Peridinium* et deux Flagellés (*Trachelomonas sp.?* et *Dinobryon sertularia* Ehr.). Il a été question, ci-dessus, des Péridiniens pélagiques recueillis dans le Lagoa Grande ou trouvés dans l'intestin des Têtards et des Cyprins. Parmi les Infusoires, je n'ai pu reconnaître dans les pêches préparées à l'acide osmique que les représentants des genres sédentaires. Un *Vorticella* de grande taille et un *Podophrya* se rencontrent en abondance sur les corps flottants ou immergés dans les lacs de Sete Cidades. Enfin, dans les eaux stagnantes de Ponta Delgada, une autre espèce de Vorticelle s'attache sur *Daphnia pulex* en telle quantité, que ces Cladocères en sont alourdis et n'exécutent plus qu'avec peine leurs mouvements saccadés habituels.

V. — La caldeira de Fayal et le torrent de Flamengos.

Le cratère de Sete Cidades, tout isolé qu'il puisse paraître des centres civilisés, est en rapports constants avec l'extérieur. Il abrite un village depuis longtemps habité par des cultivateurs.

Son accès très facile permet aux touristes les moins hardis de le visiter, et l'on y voit parfois arriver de nombreuses caravanes; mais ce sont surtout les nécessités de l'exploitation agricole qui, en motivant le transport de divers produits, peuvent introduire dans la faune des éléments étrangers. Au point de vue des recherches sur les animaux terrestres, ce cratère, bien que fort intéressant encore dans les endroits peu fréquentés, n'est cependant plus, à proprement parler, une région de choix.

Il n'en est pas de même de la caldeira de Fayal; là, à plusieurs milles à la ronde, le pays est absolument désert. Les touristes sont rares, encore s'arrêtent-ils le plus souvent sur la cime, reculant devant les difficultés d'une descente pénible, forcément suivie d'une ascension des plus rudes. Seuls et à de rares intervalles, quelques paysans s'aventurent jusqu'au fond du cratère pour y couper des joncs dans le marécage central. C'est un lieu vraiment sauvage, soustrait par sa situation même à l'influence de l'homme. La descrip-

---

(1) Archer, *loc. cit.*, p. 337.

tion très exacte que j'emprunte au professeur Fouqué donne l'idée juste du milieu où se sont accomplies mes recherches ([1]).

« De quelque côté que l'on s'avance vers le centre, il faut gravir des pentes prononcées, et, quand on atteint la cime, on se trouve sur le rebord d'une caldeira aussi remarquable par sa régularité que par sa profondeur. Cette caldeira est un vaste gouffre circulaire de 2^{km} de diamètre. La crête qui l'environne est en moyenne à 1000^{m} au-dessus du niveau de la mer. Le point culminant, qui occupe la partie ouest du contour, est à une altitude de 1022^{m}, et le fond se trouve à 400^{m} au-dessous. De tous côtés, la paroi extérieure est presque à pic. A l'Ouest et au Sud, d'imposantes masses de laves trachytiques s'y montrent divisées en prismes verticaux de couleur grisâtre; en d'autres points, des bancs de laves bleuâtres s'allongent au milieu de détritus volcaniques scoriacés ou ponceux.

» Des sources limpides jaillissent de toutes parts. L'eau dégoutte de roche en roche, se réunit en filets minces qui, plus bas, se convertissent en cascades retentissantes. Un bel euphorbe arborescent (*Euphorbia mellifera*) pousse dans les ravins, à côté des rameaux largement étalés des genévriers.

» Partout où les racines des plantes peuvent s'enfoncer au milieu des matières désagrégées ou pénétrer dans les interstices des roches, se développe une vigoureuse végétation. Le *Faya*, autrefois si commun dans l'île qu'il lui a donné son nom, pousse encore librement en ce lieu, comme dans un dernier asile : des Bruyères, des *Persea*, des Myrtilles et surtout des Fougères se plaisent dans cet enfoncement, où ils trouvent un abri contre la violence des vents et contre les ardeurs du soleil, en même temps qu'un air constamment chargé d'humidité. Deux cônes de scories existent au fond de la caldeira; l'un d'eux se montre encore à découvert, mais l'autre est tellement boisé, qu'il semble n'être plus qu'un amas de verdure. La ponce qui recouvre l'extérieur de la montagne se laisse facilement entraîner par les eaux, aussi a-t-elle été fortement ravinée par l'action des pluies. Les versants du mont sont creusés de sillons allongés et profonds, qui s'écartent en divergeant comme les géné-

---

([1]) Fouqué, *Voyages géologiques aux Açores* (Revue des Deux-Mondes, 1er février 1873, p. 639).

ratrices d'un cône. Entre ces creux sont restées des parties proéminentes, des espèces de côtes saillantes, garnies d'un lacis inextricable de bruyères et de buissons.

» Au pied des monticules de l'intérieur de la caldeira s'étend un petit lac... ». (*Pl. I, fig.* 2).

C'est plutôt un marais d'étendue variable, soumis, comme je l'ai dit à propos des Cyprins ([1]), à des changements de niveau irréguliers. Je n'y ai pas trouvé de faune pélagique, mais les formes littorales y sont assez nombreuses.

Sept espèces d'Entomostracés doivent être mentionnées tout d'abord : *Alona testudinaria* S. Fisch., *A. costata* G.-O. Sars, *Chydorus sphæricus* Jur., *Pleuroxus nanus* Baird, *Cyclops viridis* S. Fisch., *Canthocamptus sp.?* et *Cypris virens?* Jur. Le premier Cladocère cité est extrêmement commun ([2]); *Chydorus sphæricus* vient ensuite par ordre de fréquence.

Je ne puis énumérer les Hydrachnides et les Acariens appartenant à divers types, mais dont la détermination n'est pas faite ; de même pour les Turbellariés et les Nématoïdes. Parmi les animaux aquatiques figurent également un Tardigrade (*Macrobiotus sp.?*), un Rotifère (*Monostyla sp.?*), un Oligochète (*Naïs elinguis* Müll.) et des Rhizopodes variés (*Difflugia constricta* Ehr., *Hyalosphenia sp.? Nebela collaris* Ehr., *Arcella vulgaris* Ehr., *Centropyxis aculeata* Ehr.).

Malgré ses dimensions restreintes, la caldeira de Fayal semble être beaucoup plus riche en Insectes que celle de Sete Cidades. Ici, les eaux m'ont fourni des larves de Chironomides, de Phryganides, de Pseudonévroptères (*Agrion, Æschna*) et de Dytiscides. J'ai même été assez heureux pour y capturer l'un des rares Coléoptères considérés comme propres aux Açores, *Agabus Godmani* Crotch ([3]).

Toutefois, la découverte la plus inattendue que j'y aie faite est,

---

([1]) *Voir* Chapitre IV, p. 29.

([2]) Parmi beaucoup d'exemplaires de cette espèce, j'en ai trouvé un qui présente, à l'angle postérieur droit de la carapace, trois pointes au lieu de deux. Le nombre de ces ornements paraît être assez variable, mais il est rare que la différence porte, comme c'est ici le cas, sur un seul des côtés de l'animal.

([3]) CROTCH, *On the Coleoptera of the Azores* (Proceed. zool. Soc. Lond., 1867, p. 370 et 385; Pl. XXIII, fig. 3). Un spécialiste des plus autorisés, le Dr Régimbart, d'Évreux, a bien voulu examiner mes spécimens.

sans contredit, celle d'une espèce nouvelle de *Pisidium;* c'est le premier Mollusque fluviatile qui paraisse spécial à l'archipel; c'est également le premier Lamellibranche signalé dans ces îles (1).

Mes recherches sur la faune terrestre ont été également couronnées de succès. J'ai trouvé dans le cratère deux Crustacés nouveaux : un Isopode, *Philoscia Guernei,* dont M. Adrien Dollfus a bien voulu se charger de faire l'étude complète, et un Amphipode du genre *Orchestia.* On trouvera plus loin la description détaillée de ces deux espèces et diverses remarques qui les concernent (2).

Pour terminer ce qui a trait aux Arthropodes, je dois signaler, comme très fréquent à Fayal, un Isopode : *Rhacodes inscriptus* Koch (3), fort répandu également à San Miguel, trois espèces d'Arachnides : *Ocyale mirabilis* Cl., *Pardosa proxima* Koch et *Erigone atra* Black. (la dernière est nouvelle pour la faune de l'archipel), deux Myriopodes : *Lithobius erythrocephalus* C.-L. Koch et *L. longipes* Porath, celui-ci spécial aux Açores, mais connu seulement à Santa Maria et

---

(1) *Voir* au Chapitre VI la description du *Pisidium Dabneyi.*

(2) *Voir* les Chapitres VI et IX.

(3) C'est, suivant toutes probabilités, l'*Eluma purpurascens* de Budde-Lund. La synonymie de cette espèce est très difficile à établir et M. Adrien Dollfus, malgré sa haute compétence, hésite à se prononcer avant d'avoir pu comparer les types. Quoi qu'il en soit, voici, résumé en quelques lignes, d'après M. A. Dollfus, ce que l'on connaît actuellement de la distribution géographique d'*Eluma purpurascens.*

Rhacodes inscriptus Koch (in Rosenhauer, *Die Thiere Andalusiens,* Erlangen, 1856, p. 422) = *Eluma purpurascens,* Bd-Ld. (Budde-Lund, *Prospectus generum specierumque Crustaceorum isopodium terrestrium,* 1879.) Cet Armadillien, remarquable par sa couleur rougeâtre et par ses yeux simples, a déjà été trouvé à San Miguel par Arruda Furtado (*in coll.* E. Simon *et* A. Dollfus, *voir* Budde-Lund, *Crustacea isopoda terrestria per familias et genera et species descripta,* 1885, p. 294) Son aire de dispersion est assez étendue, bien qu'elle ne dépasse guère les régions voisines de l'Océan. Très commune à Madère. [Sörenson *in Mus.* Copenhague, et Metschnikoff *in coll.* Uljanin, *sec.* Budde-Lund, *Crust. isop.;* Eaton, *Note on* Rhacodes inscriptus *Koch and* Armadillo officinalis *Duméril, terrestrial isopoda;* Ann. and Mag. Nat. hist., (5), vol. X, 1882, p. 360; Dr Nodier *in coll.* A. Dollfus.]

Cette espèce se retrouve en Portugal (Eaton, *loc. cit.;* C. van Volxem *in Mus.* Bruxelles; P. de Oliveira), à Malaga (Koch in Rosenhauer, *loc. cit.*), dans l'Algérie occidentale (collection E. Simon), dans le département de la Charente (Collection Ray *sec.* Budde-Lund, F. de Nerville *in coll.* A. Dollfus). — Wresniowski l'a trouvée à Cayenne (*sec.* Budde-Lund.). — Reinhardt aux îles Nicobar; les exemplaires de cette dernière provenance sont au Musée de Copenhague, où ils ont été déterminés par Kröyer sous le nom d'*Armadillidium purpurascens* (Budde-Lund, *loc. cit.*, p. 49).

à San Miguel, enfin quelques Coléoptères et Diptères non déterminés ([1]).

Parmi les Vers, deux formes d'Oligochètes sont à mentionner; elles appartiennent aux genres *Lumbricus* et *Enchytræus;* la seconde offre un certain intérêt. Son existence à Fayal permet de présager la découverte aux Açores d'autres types de la même famille, vivant sous les feuilles mortes ou dans l'herbe humide. Le climat de l'archipel, dont il a été question ci-dessus, à propos de la température des lacs ([2]), est à coup sûr très favorable à l'acclimatation et au développement des Lombriciens. Il est à regretter que ceux dont il s'agit ne puissent être désignés spécifiquement. Le Dr Horst, conservateur au Museum de Leyde, bien connu par ses études sur les Oligochètes, et qui a eu l'obligeance d'examiner tous les spécimens recueillis, m'informe que l'état rudimentaire de leurs organes sexuels en rend la détermination extrêmement difficile.

Les Mollusques terrestres n'ont pas été particulièrement recherchés dans la caldeira; aussi n'ai-je à signaler que quatre espèces : *Hyalina cellaria* Müll. et *Balea perversa* Lin., tout à fait vulgaires, *Ferussacia lubrica* Müll., distingué sous le nom d'*azorica* Alb. par des conchyliologistes qui le désigneraient sans doute autrement s'ils n'étaient renseignés au préalable sur la provenance des échantillons, enfin un *Vitrina* jeune que M. A. Morelet rapporte avec doute au *V. brumalis* Morel. C'est une forme propre aux Açores et connue seulement jusqu'ici dans l'île San Miguel ([3]).

Quant aux Vertébrés, il suffira d'indiquer la présence, dans la caldeira, du Cyprin, de la Grenouille et d'un certain nombre d'Oiseaux.

Tel est, esquissé dans ses grandes lignes, le tableau de la faune du cratère de Fayal et, d'une façon plus générale, à peu de chose près, celle d'un cratère quelconque des Açores. Sans doute, cet aperçu doit être considéré comme très incomplet, attendu qu'il a pour base les matériaux réunis durant une seule journée d'excur-

---

([1]) *Voir* ci-dessus, au Chapitre IV, le paragraphe relatif à *Rana esculenta* et à *son alimentation.*

([2]) *Voir* p. 13, note (1).

([3]) A. Morelet, *Notice sur l'histoire naturelle des Açores, suivie d'une description des Mollusques terrestres de cet archipel;* 1860, p. 146, Pl. I, fig. 4.

sion. Toutefois, le cadre est tracé et il est peu probable que des recherches ultérieures y apportent de profondes modifications. Les détails se multiplieront à coup sûr, mais sans rien changer à l'aspect d'ensemble.

Quoi qu'il en soit, les résultats obtenus sont encourageants et ne justifient en aucune manière certaines opinions trop facilement admises, à ce qu'il semblerait, par mes devanciers (1).

A la suite de l'exploration si intéressante de la caldeira, le torrent de Flamengos, qui se jette à la mer au nord de la baie de Horta, mérite à peine une mention. Alimenté presque uniquement par les pluies, ses allures sont les plus irrégulières. Parfois très violent dans son cours, il roule des blocs de lave d'un volume considérable. Durant l'été, son lit reste à sec sur de très grandes étendues. L'eau ne séjourne que çà et là dans les bassins naturels creusés en plein roc. Aucune végétation ne peut se fixer sur les petits galets fréquemment bouleversés qui en garnissent le fond; c'est une condition très défavorable au développement de la faune. J'ajouterai que, depuis la mer jusqu'au delà du village, sur une distance d'environ 4^{km}, tous les réservoirs naturels sont utilisés pour le blanchissage et remplis de savon, au point que les eaux paraissent absolument troubles.

J'étais attiré par l'espoir de rencontrer en ces lieux des Anguilles qu'on m'avait dit s'y trouver. Je n'en ai pas vu trace, quoique leur présence à Fayal n'eût rien que de très vraisemblable, étant donné que plusieurs naturalistes les ont rencontrées à Florès et à San Miguel dans des conditions plus ou moins analogues (2).

Toutefois, la promenade de Flamengos n'a pas été inutile; j'ai

---

(1) « Fayal a aussi son genre de beauté..., mais sa localité, la plus curieuse, pour qui que ce soit, est, sans contredit, la *Caldeira*. Là, le botaniste et le géologue sont assurés de faire une récolte abondante, le peintre y trouvera des perspectives inconnues, le poète des inspirations nouvelles. *La Zoologie seule, là comme ailleurs, fait défaut,* ainsi que Votre Majesté le verra tout à l'heure. » (Drouet, *Rapport à S. M. le Roi de Portugal,* etc., p. 12.)

(2) M. Morelet et M. Drouet rapportent l'Anguille des Açores à l'espèce que Valenciennes paraît avoir distinguée sans caractères suffisants sous le nom de *canariensis* (Valenciennes, *Ichthyologie des îles Canaries;* dans Webb et Berthelot, *Histoire naturelle des îles Canaries,* vol. II, p. 88, 89, Pl. XX, fig. 1). L'habitat de ce Poisson aux Canaries ressemble beaucoup à ce qu'on en connait dans les autres îles de l'Atlantique. Il se trouve plus particulièrement, dit Valenciennes (*loc cit.*, p. 89) « dans les mares d'eau laissées çà et là par les ruisseaux qui serpentent au fond des *barrancos* ou ravins

recueilli en divers points du torrent un Coléoptère et une Hirudinée que je n'avais obtenus ni l'un ni l'autre dans mes précédentes excursions. *Colymbetes* (*Rhantus*) *pulverosus* Sturm a été pris déjà aux Açores par Godman, qui n'indique pour cette espèce aucune localité particulière ([1]). L'Hirudinée (*Nephelis octoculata* Bergm.), dont plusieurs exemplaires ont été détachés du cadavre d'un Rongeur noyé depuis quelque temps, est nouvelle pour la faune de l'archipel.

VI. — Description de Mollusques et de Crustacés nouveaux.

Hydrobia? evanescens, nov. sp.

(*Fig.* 1 et 2.)

DIAGNOSE.

Testa globosa, cornea, pellucida, tenuis; anfractus 3-4 convexi, striis inæqualibus ornati, ultimo maximo; apertura subquadrangula, margine integro; basis lævis, umbilico nullo. Operculum?

Long. vix $0^{mm},25$. Lat. $0^{mm},22$.

Localité. — Plusieurs exemplaires de cette coquille microscopique ont été ramenés par le filet fin dans une pêche faite au milieu du Lagoa Grande à Sete Cidades, par une profondeur de 20^m à 30^m; ce n'est probablement qu'une forme jeune et par cela même très difficile à caractériser. Sans y attacher la moindre importance comme type inédit, je lui attribue cependant un nom spécifique, afin d'ap-

profonds de Ténérife. Ces ruisseaux, au temps des pluies, deviennent des torrents formidables mais qui se dessèchent quand les eaux manquent.... ».

Voici, d'autre part, quelques renseignements empruntés à Morelet :

« L'*Anguilla canariensis*, à San Miguel et à Florès, seules iles de l'archipel où nous l'avons observée, peuple non seulement le cours inférieur, mais le cours supérieur des rivières, à des hauteurs de 200^m à 300^m, d'où les eaux se précipitent en cascades plus ou moins abruptes..... Le même fait se reproduit à Madère, où, selon M. Lowe, on pêche des Anguilles à plus de 160^m au-dessus du niveau de la mer. » Morelet, *loc. cit.*, p. 58.

Enfin, Godman a reçu de Florès et de San Miguel deux spécimens de ce Poisson qu'il a communiqués au Dr Günther. Cet éminent ichthyologiste les rapporte à l'*Anguilla fluviatilis* (*A. vulgaris*, Flem.), dont la répartition géographique est très étendue (Godman, *Natural History of the Azores*, 1870, p. 44). On sait que cette espèce existe également aux Bermudes.

([1]) Crotch, *loc. cit.*, p. 369.

peler l'attention sur elle et de provoquer, s'il se peut, de nouvelles recherches. Il s'agirait d'établir si c'est un embryon pris à la surface du *feutre organique* ou bien quelque épave apportée de la mer par les palmipèdes qui ne cessent de voler du lac au rivage. Je ferai observer que, dans ce dernier cas, la conservation d'une coquille aussi petite et aussi délicate serait fort intéressante à noter au point de vue général de l'origine des faunes. Quant à présent, je la rapporte avec doute au genre *Hydrobia*.

Fig. 1.

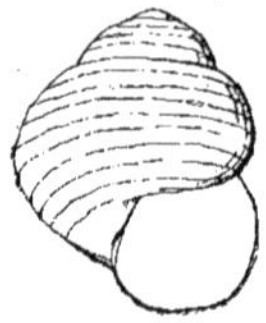

Coquille vue du côté de l'ouverture, grossie environ 100 fois.

Fig. 2.

Un autre exemplaire vu de trois quarts par dessus ; même grossissement.

Depuis quelques années, la famille des *Hydrobiidæ* a été l'objet de nombreux travaux. Les genres et les espèces y ont été peut-être multipliés à l'excès, mais il est certain qu'un fait général s'est dégagé de ces études. L'extension des *Hydrobiidæ* dans les grands lacs a été mise hors de doute. C'est précisément à cet égard que le petit Mollusque dont il s'agit présente un véritable intérêt.

On remarquera, par exemple, tout en tenant compte de ses dimensions réduites, l'analogie de sa forme avec celle d'une des espèces les plus répandues dans le lac Baïkal, par des profondeurs de 10^{m} à 100^{m}, *Hydrobia martensiana* Dybow. (1).

La minceur du test, signalée chez les coquilles du Baïkal, est également très grande chez les Mollusques des Açores, où le calcaire fait défaut. Un *H. evanescens* s'étant trouvé placé dans une préparation à la glycérine en même temps que des Crustacés cladocères, le peu

(1) W. Dybowski, *Ueber die Gasteropoden Fauna des Baïkal Sees* [Mém. Acad. Sc. Saint-Pétersbourg (7), t. XXII, p. 24 ; 1876. Pl. I, fig. 18-23]. Voir également Crosse et Fischer, *Faune malacologique du lac Baïkal* (Journal de Conchyliologie, vol. XXVII, 1879, p. 145), et les nombreuses publications relatives à la faune de l'Amérique du Nord. Clessin a trouvé récemment plusieurs *Hydrobiidæ* parmi les Mollusques recueillis à 60^{m} de profondeur dans le lac de Garde par le Dr Imhof.

de calcaire qu'il contenait disparut en quelques jours sous l'action du liquide, cependant bien peu acide (1).

Les Mollusques de la famille des *Hydrobiidæ* signalés jusqu'à ce jour dans les îles de l'Atlantique sont très peu nombreux. Ils ont été d'ailleurs assez mal étudiés; leur habitat n'offre aucune analogie avec celui d'*Hydrobia? evanescens*. En voici l'énumération :

Hydrobia similis Drap. (Madère); *H. Pleneri* Frauenf. (Canaries); *H. canariensis* Mous. (id.); *H. acuta* Drap. (Iles du cap Vert).

Pisidium Dabneyi sp. nov.

DIAGNOSE.

Testa ovato rotundata, subæquilatera, pellucida, tenuis, colore albido; valvulæ striis concentricis sat conspicuis ornatæ, extremitate antica rotundata, postica subtruncata, limo sæpius conspurcata, umbonibus vix prominulis. Axis robustus, dentibus validis; ligamentum forte.

Animal tenerum, colore albido flavescente.

Longit. 4^{mm},5. Lat. 3^{mm},2. Crassit. 2^{mm},2.

Coquille ovale arrondie, subéquilatérale, transparente, de couleur gris blanchâtre; le test, mince et fragile, est couvert de stries concentriques irrégulières, assez marquées, sauf sur les sommets, très peu proéminents, qui sont presque lisses. L'extrémité antérieure est assez régulièrement arrondie et sa courbe se continue sans interruption avec celle du bord ventral. L'extrémité postérieure est à peine tronquée; sur la plupart des exemplaires elle se montre salie par le limon ou le sable volcanique dont la couleur noire tranche vivement sur le fond blanc de la coquille.

Le bord dorsal est légèrement arqué: la charnière, forte, présente des dents cardinales très nettes. Les dents latérales, assez faibles en arrière, sont bien marquées au côté antérieur. Le ligament, solide, offre une coloration jaune corné clair.

Les coquilles des jeunes sont plus régulièrement ovales, plus allongées et plus aplaties que celles des adultes. J'en ai recueilli qui mesurent à peine 0^{mm},8 de longueur sur 0^{mm},5 de largeur. A cet

(1) Von Baer disait des coquilles du lac Gotkschai (Caucase) qu'on pouvait lire au travers.

âge, elles paraissent être tout à fait équilatérales. Ces petits *Pisidium* ressemblent à s'y méprendre à des Ostracodes.

L'animal n'offre aucune particularité remarquable ; sa coloration est blanc jaunâtre.

Localité. — Fayal, caldeira ; recueilli en grand nombre le 16 juillet 1887 dans les petites mares qui rayonnent autour du marécage central vers le côté ouest. Ces mares, profondes de $0^{m},50$ à $0^{m},60$ au maximum, sont le plus souvent allongées et étroites ; leur surface est couverte de *Potamogeton*. D'épaisses broussailles en rendent l'accès très difficile.

Je prie M. Samuel-Wyllys Dabney, consul des États-Unis à Fayal, d'accepter la dédicace de ce *Pisidium* nouveau. Puisse ce faible hommage conserver le souvenir du précieux concours que lui et les siens ont depuis longtemps coutume de prêter aux recherches scientifiques (1).

Pisidium Dabneyi est le premier Mollusque lamellibranche découvert dans les eaux douces des Açores ; c'est le troisième qui ait été signalé dans les îles de l'Atlantique. Les *P. canariense* Shutt. et *P. Watsoni* Paiva sont connus l'un à Ténérife depuis 1852, l'autre à Madère depuis 1866 (2).

On sait combien est délicate la détermination des espèces du genre *Pisidium*. Afin d'éviter toutes les causes d'erreur, j'ai soumis mes spécimens au Dr P. Fischer et à deux des conchyliologistes qui connaissent le mieux la faune des Açores et des Canaries, M. A.

---

(1) Le Muséum de Paris doit à M. Dabney une collection remarquable de Cachalots, squelettes et pièces molles, dont l'étude a déjà fourni au professeur G. Pouchet la matière d'intéressantes publications. Le Gouvernement français et le Conseil municipal de Paris ont su reconnaître, par l'envoi de vases de Sèvres et d'une médaille commémorative, la générosité et le zèle scientifique de M. Dabney.

(2) SHUTTLEWORTH, *Diagnosen neuer Mollusken* (Mittheil. d. naturf. Gesells. in Bern, 1852, p. 146). **P. canariense** *Testa ovalis compressiuscula, valde inæquilateralis, subtiliter striata, sordide albida, pellucida, umbonibus vix prominulis, obtusis.* Longit. $4^{mm},25$, altit. 4^{mm}, crassit. 2^{mm}.

Do CASTELLO DE PAIVA, *Description de dix espèces nouvelles de Mollusques terrestres de l'archipel de Madère* (Journ. de Conchyl., Vol. XIV ; 1866, p. 340, et Pl. XI, fig. 3). **P. Watsoni** *Testa ovato subangularis, valde compressa, tenuis, nitidula, striis exilibus, concentricis, irregulariter insculpta, lutescenti albida vel cinerascens, intus albo-fuscescens, sæpe aureo-rubello nitens ; latus anticum subquadrangulare, fere rectum, posticum rotundatum, gradatim declive, magis productum ; utrunque distincte compressum ; margo inferus rotundatus ; extrema obtusa, nec prominentia ; ligamentum breve,*

Morelet et M. J. Mabille. Voici quelques passages d'une Lettre que M. A. Morelet a bien voulu m'adresser le 15 octobre 1887 :

» Les trois *Pisidium* ont à peu près la même taille; mais leurs formes ne sont point identiques. Ainsi *P. canariense* diffère de celui des Açores par sa forme *valde inæquilateralis*, par ses contours arrondis et par ses stries très superficielles, mais fort irrégulières. C'est la forme, néanmoins, qui se rapproche le plus de celle de Fayal.

» Même observation pour *P. Watsoni* qui paraît être beaucoup plus comprimé (*valde compressum*), plus finement et plus régulièrement strié, avec un bord antérieur qui n'est pas nettement arrondi, mais presque tronqué (*subquadrangularis*).

» Une autre espèce, qui se rapproche aussi beaucoup de celle des Açores, est le *P. fontinale* Pfr., commun dans toute l'Europe ; cependant celui-ci est plus régulier, c'est-à-dire presque équilatéral, très finement strié et de couleur cendrée ou jaunâtre. Il n'y a donc pas identité, etc. »

D'autre part, grâce à l'obligeance du Dr P. Fischer, j'ai pu comparer le *Pisidium* de Fayal à de fort bons dessins de celui des Canaries. La figure de cette espèce n'a jamais été publiée, bien qu'elle ait été exécutée très fidèlement par les soins de Shuttleworth. Le Dr P. Fischer a bien voulu me communiquer une série inédite de huit Planches in-4° lithographiées et coloriées, que Shuttleworth destinait à l'illustration d'un grand travail sur la faune malacologique des Canaries. Le texte de ce travail ne semble pas avoir été composé,

---

quasi inconspicuum; axis brevis, validissimus. Longit. 4^{mm}, lat. $3^{mm},75$. Cette diagnose a été reproduite sans modification par l'auteur dans son Ouvrage *Monographia Molluscorum terrestrium, fluviatilium, lacustrium insularum Maderensium*. Lisbonne, 1867, p. 167, et Pl. II, fig. 10.

Il est vraiment singulier que, dans un livre ayant la prétention de résumer toutes les connaissances acquises sur les Mollusques terrestres et fluviatiles des îles océaniques (*Testacea Atlantica or the land and freshwater shells of the Azores, Madeiras, Salvages, Canaries, cape Verde and Saint Helena*. Londres, 1878), T. Vernon Wollaston ait précisément omis ces deux *Pisidium*. Cet oubli, peu digne assurément d'un naturaliste attentif, me paraît devoir être relevé avec quelque insistance, parce que le savant anglais, entomologiste très distingué, mais beaucoup moins versé, semble-t-il, dans l'étude des Mollusques, affecte de saisir avec beaucoup trop d'empressement toutes les occasions possibles de contester la valeur de ses devanciers. Dans ses *Matériaux pour une faune malacologique des îles Canaries* (Nouv. arch. mus. hist. nat. [2], VII et VIII), M. J. Mabille a très justement défendu plusieurs zoologistes français contre les attaques mal fondées de T. Vernon Wollaston.

mais les Planches dont il s'agit portent la lettre indiquant les noms de toutes les espèces représentées. Ce sont d'ailleurs les types dont la diagnose a paru à Berne en 1852 (1).

Sous le n° 18 de la Pl. VIII sont compris six figures et deux croquis de dimensions relatifs au *P. canariense*. L'espèce des Açores en diffère par des caractères bien nets. Il en est de même pour *P. Watsoni*, ainsi que pour toutes les formes signalées en Espagne et en Portugal par Morelet, Nobre ou Clessin. Enfin, parmi les types américains décrits par Temple Prime, je n'en ai trouvé aucun avec lequel *P. Dabneyi* puisse être identifié.

Philoscia Guernei, nov. sp. (2).

(*Fig.* 3 et 4.)

DIAGNOSE.

Femina. — Oblonga ovalis, convexiuscula, minutissime granulata ac setigera. Frons medio vix producta, linea marginali obliterata; lobus medius nullus, lobi laterales mediocres, ante oculos deflexi. Flagellum antennarum articulis subæqualibus, primo paulo breviore. Trunci segmenta duo priora margine posteriore recto, angulis rotundatis. Segmentum anale breve, latius quam longius, triangulare apice subobtuso et lateribus vix incurvis. Ramus internus uropodum quam in ceteris speciebus ejusdem generis crassior, — ramus externus? — Color fusco-brunneus, maculis albidis 4-seriatis; segmentum anale pallidum; coxæ brunneæ.

Mas ignotus.

Long. 4^{mm}; lat. 2^{mm}.

Femelle adulte. — Le corps est ovale, oblong, un peu convexe,

---

(1) *Voir* la note (2), p. 42. Après la mort de Shuttleworth, la Direction du Musée de Berne fit publier divers manuscrits trouvés dans sa succession. Le Dr Fischer fut chargé, en cette circonstance, de rédiger le texte d'un travail dont les Planches se trouvaient prêtes à paraître : *Notitiæ malacologicæ oder Beiträge zur näheren Kenntniss der Mollusken*; Berne et Leipzig, 1878. C'est alors que lui furent remises les huit Planches in-4° lithographiées et coloriées, relatives aux Mollusques des Canaries; leur exécution est très satisfaisante; elles ont été dessinées par A. Hutter et imprimées à Berne par C. Ochsner (sans date).

(2) Cette description et les figures qui l'accompagnent sont dues à M. Adrien Dollfus, qui a bien voulu, sur l'invitation de S. A. le prince Albert, examiner les Isopodes terrestres provenant de la campagne de l'*Hirondelle*. Je le prie d'agréer mes remerciements pour l'amabilité qu'il a eue de me dédier cette espèce nouvelle.

couvert de très petites granulations poilues, visibles seulement à la loupe, et de ponctuations très serrées et moins apparentes encore.

Le front est dépourvu de lobe médian, et très peu avançant; la ligne marginale qui sépare le front de l'épistome est à peine indiquée ; les lobes latéraux un peu moins étroits et moins allongés que dans *Philoscia muscorum* sont, comme dans cette dernière espèce, infléchis en avant des yeux. Les antennes sont médiocres et dépassent un peu la moitié de la longueur du corps; le fouet est de même longueur que l'article précédent de la tige. Les trois articles du fouet sont presque égaux, le premier étant plutôt un peu plus court que les deux derniers. Le bord postérieur des deux premiers segments thoraciques est droit, les angles postéro-latéraux étant arrondis.

Fig. 3.

Extrémité de l'antenne, fortement grossie.

Fig. 4.

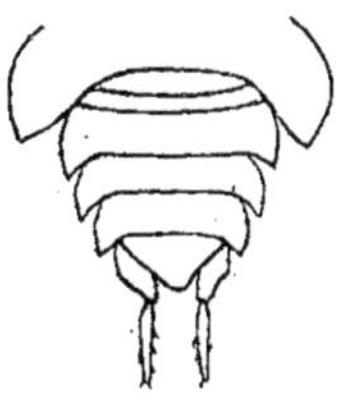

Abdomen, fortement grossi. (L'appendice externe des uropodes a disparu.)

Le segment anal est court, plus large que long, à sommet subobtus et présentant sur les côtés une petite incurvation peu marquée. L'article basilaire des uropodes est étroit, il atteint l'extrémité du segment anal et est creusé sur le côté interne d'un sillon longitudinal. L'appendice interne parait un peu moins mince que dans les autres espèces de *Philoscia;* l'appendice externe avait disparu.

La couleur de cette petite espèce est d'un brun foncé, avec quatre lignes longitudinales de taches blanchâtres sur le thorax ; l'angle postérieur des épimères est également de couleur pâle, de même que le segment anal. Les membres sont pointillés de brun et la base des pattes est couverte d'une large tache brune.

La longueur du seul exemplaire que j'ai eu entre les mains est de 4^{mm}; la largeur de 2^{mm}.

Localité. — Cratère de Fayal, un exemplaire ♀, 16 juillet 1887.

Orchestia Chevreuxi, nov. sp.

DIAGNOSE.

Femina. — Antennæ superiores paulo ultra articulum pedunculi penultimum antennarum inferiorum porrectæ. Pedes 2[di] paris articulo 4to aculeis 2 armato; carpo elongato. Pedes 4[ti] paris perbreves. Telson breve, ovatum, emarginatum. Animal roseo-violacescens.

Mas ignotus.

Longit. 15^{mm}.

Femelle adulte. — Les yeux sont petits et ronds, le corps lisse, les épimères de taille moyenne, le premier très étroit, et le cinquième aussi haut que le quatrième; leurs bords inférieurs sont garnis de quelques poils très courts.

Les antennes supérieures dépassent un peu l'avant-dernier article du pédoncule des inférieures; leur fouet se compose de cinq articles. Les antennes inférieures atteignent un peu plus du tiers de la longueur du corps; le dernier article du pédoncule dépasse en longueur le précédent, le fouet se compose de vingt articles. (Chez une femelle plus jeune, les antennes inférieures sont plus courtes, et leur fouet ne porte que dix-huit articles.)

Le quatrième article des pattes thoraciques de la première paire est très allongé, et s'élargit à la partie inférieure; le cinquième article, un peu plus court, rectangulaire, épineux, s'élargit aussi un peu vers l'extrémité, qui est tronquée carrément, et légèrement convexe; la griffe est beaucoup plus longue que le bord inférieur. Dans les pattes de la seconde paire, le troisième article porte deux fortes épines à sa partie inféro-postérieure; le quatrième article, remarquablement long, s'élargit fortement vers l'extrémité; le cinquième, un peu plus court, ovale, allongé, dépasse de beaucoup l'extrémité de la griffe.

Les pattes des troisième et cinquième paires sont grandes et d'égale longueur, tandis que celles de la quatrième sont beaucoup plus courtes, et n'atteignent que l'extrémité du quatrième article des pattes précédentes. Les pattes de la septième paire sont très longues et dépassent de beaucoup l'extrémité des pattes sauteuses; leur premier article est élargi postérieurement et garni de fortes dents, les troisième et quatrième articles sont d'égale taille, le cinquième beaucoup plus long, la griffe grande et très légèrement recourbée.

Les pattes sauteuses des deux premières paires sont un peu plus longues que chez *Orchestia littorea* des mers d'Europe ; celles de la troisième paire sont, au contraire, extrêmement petites, et leur article terminal est court, étroit et styliforme. Le telson, remarquablement petit, affecte la forme d'une lame ovale, échancrée à l'extrémité.

La longueur de la femelle adulte est de 15^{mm}.

La couleur de cette espèce est violacée, presque rose et plus foncée en dessus.

Localité. — Fayal, caldeira; deux exemplaires ♀, 16 juillet 1887.

L'animal est très difficile à saisir à cause des sauts brusques et répétés qu'il exécute. Cette particularité attira de suite mon attention en me faisant songer aux Amphipodes marins. J'avais la certitude de me trouver en présence d'une forme intéressante, étant données surtout les conditions de son habitat, et je fis les plus actives recherches pour m'en procurer de nombreux spécimens. Malgré tous mes efforts, je n'ai réussi à en capturer que deux, à une assez grande distance l'un de l'autre : le premier, au fond de la caldeira, sous un amas de feuilles mortes, à proximité de l'eau; le second, à mi-hauteur de la montée du cratère, sur un sentier à pic, dans un ravin étroit et humide.

Je prie mon excellent ami Édouard Chevreux, bien connu par ses travaux sur les Amphipodes, d'accepter la dédicace de ce Crustacé nouveau.

Bien que les femelles des nombreuses espèces d'*Orchestia* connues diffèrent peu entre elles, cette nouvelle forme est suffisamment caractérisée par la grande longueur du quatrième article des pattes de la seconde paire, les deux épines de leur troisième article, la petite taille des pattes de la quatrième paire, et enfin par la forme particulière du telson. En outre, son habitat spécial, au fond du cratère d'un volcan éteint, et à près de 700^{m} d'altitude, permet de la séparer nettement de presque toutes les espèces décrites (1). L'*O. Tahitensis*

(1) *Orchestia littorea* Mont., si commun sur presque toutes les côtes de l'Europe, s'éloigne parfois beaucoup du rivage. M. Chevreux a trouvé cette espèce au Croisic :

Dana, qui est, du reste, bien différent au point de vue des caractères anatomiques, a seul été trouvé dans des conditions analogues, sur l'île de Tahiti, à 500m d'élévation, et à plusieurs milles de la mer (1). Il se distingue, comme celui de Fayal, par la vivacité de ses couleurs, d'une teinte bleuâtre ou vert bleuâtre. Ses habitudes paraissent être d'ailleurs exactement semblables. Dana rapporte que ces Crustacés sautent avec agilité quand on vient à renverser les objets sous lesquels ils se cachent. Enfin, dernière analogie, les femelles seules d'*O. Tahitensis* ont été recueillies.

Cypris Moniezi, nov. sp.

DIAGNOSE.

Femina. — Testa tenuis, villosa, æqualiter curvata, inferne plana extremitatibus utrinque reconditis; pars valvularum antica tuberculis obsoletis ornata; setæ natatoriæ uncinique ramorum abdominalium maximi.

Mas ignotus.

DIMENSIONS.

	mm		mm
Longueur moyenne..................	1,250	Appendices abdominaux (sans les croch.).	0,250
Largeur............................	0,600	Crochets des appendices abdominaux...	0,180
Soies des rames....................	0,550	Ongles de la première paire de pattes.	0,225

Coquille mince et fragile, plus étroite et moins élevée en avant qu'en arrière, diminuant d'épaisseur vers le dos, avec le contour dorsal et les extrémités régulièrement arqués; bord ventral droit, présentant à peine en son milieu une très légère flexion. Les extrémités antérieure et postérieure des valves rentrent assez fortement en s'affrontant; une rentrée des bords s'observe également sur un court espace au milieu de la face ventrale; ces particularités ne peuvent s'observer que lors de la disjonction des valves. A la partie antérieure de la coquille se voit une série de tubercules mousses, régulièrement disposés, qui donnent aux valves l'aspect denticulé;

« dans les jardins, à plusieurs centaines de mètres de la mer, dans les caves et les cuisines des maisons, sous le fumier des écuries, au bord des mares d'eau douce et des réservoirs des marais salants, enfin sur des falaises à pic, dominant de 15m le niveau de la mer ». E. Chevreux, *Catalogue des Crustacés amphipodes marins du sud-ouest de la Bretagne*, etc. (Bull. Soc. zool. de France, t. XII, 1887; p. 292.)

(1) Dana, *U. S. explor. expedit.*. t. XIV. *Crust.*, 2e part.. p. 877, Pl. LIX, fig. 5 *a-g*.

ces tubercules sont plus développés à l'extrémité et s'atténuent en gagnant les côtés. J'ai eu beaucoup de peine à voir les impressions musculaires, peu accentuées d'ailleurs et cachées dans les détritus qui adhèrent à la surface : j'ai trouvé les deux principales écartées l'une de l'autre, presque parallèles, obliques sur le grand axe de la coquille; les autres m'ont échappé. Toute la surface des valves est recouverte de longs poils très fins, assez denses, qui retiennent une grande quantité de vase d'aspect ferrugineux, ce qui semble indiquer que l'animal vit habituellement caché au fond.

Il est impossible de voir aucune ornementation sur les coquilles vivantes; mais, sur les coquilles roulées qui sont tout à fait nettoyées, on voit la surface entièrement couverte de tubercules mousses juxtaposés, qui lui donnent l'aspect pruineux. C'est sur une coquille de cette sorte qu'ont été observées les impressions musculaires.

Les différents membres de l'animal ne présentent guère à noter que le très grand développement des soies sur les antennes et principalement sur les rames; les crochets des appendices abdominaux sont très développés et ceux de la première paire de pattes sont énormes.

Les individus femelles seuls ont été observés; leur coloration générale est brun rougeâtre.

Localité. — Ponta Delgada (île San Miguel). — Jardin du vicomte dos Loranjeiras, dans l'eau stagnante presque tiède, abondant, 9 juillet 1887.

Cypris Moniezi présente à la fois des analogies avec des espèces très distinctes les unes des autres. C'est ainsi que, par la conformation des rames abdominales, il se rapproche de *C. reptans* Baird et que, par la structure des antennes, il rappelle *C. fusca* Straus.

Je suis heureux de dédier cette forme nouvelle à mon savant ami R. Moniez, professeur à la Faculté de Médecine de Lille, qui, après s'être fait connaître par d'importants travaux sur les Cestodes, étudie aujourd'hui avec succès les Entomostracés et leurs parasites.

VII. — Note monographique sur les Rotifères de la famille des Asplanchnidæ.

Comme on l'a pu voir au Chapitre II, l'un des types les plus remarquables de la faune pélagique du Lagoa Grande est un Rotifère nouveau du genre *Asplanchna*. J'en donne la description ci-après et je la fais suivre d'une étude sommaire sur la famille des *Asplanchnidæ*. Frappé depuis longtemps par ce fait que ses représentants existent dans presque toutes les faunes lacustres, j'avais réuni sur la plupart des espèces du groupe de nombreux documents. Le présent travail me fournit une occasion toute naturelle de les coordonner.

Asplanchna Imhofi, nov. sp.

(*Fig.* 5.)

DIAGNOSE.

Femina. — Corpus ovato-globosum, pellucidum; maxillæ duobus tantum ramis compositæ, robustæ, elongatæ, apice paululum incurvato, bifido; rami in medio unco valido interno armati; ramorum basis triangularis, solida, hamulo externo superne instructa.

Mas ignotus.

Long. $0^{mm},45$-50. Lat. $0^{mm},30$-35.

Les dimensions, prises sur des spécimens fixés par l'acide osmique ou plongés vivants dans l'alcool sont certainement au-dessous de la réalité. Les animaux ont subi une violente contraction et doivent être beaucoup plus grands à l'état vivant.

Le corps est globuleux, d'une extrême transparence, sauf l'estomac, comme dans toutes les espèces du genre. Je n'ai pas vu de point oculiforme.

L'appareil masticateur, composé seulement de deux pièces, est des plus caractéristiques; il diffère de celui de tous les *Asplanchna* connus (*fig.* 5); sa forme est constante : je l'ai observée chez un très grand nombre de spécimens.

Localité. — Cette espèce est excessivement abondante dans le produit des pêches pélagiques faites à Sete Cidades dans le Lagoa

Grande. On la trouve en nombre relativement restreint dans les pêches de surface, mais elle pullule à une certaine profondeur.

Sans doute ce Rotifère mange de préférence la nuit; l'estomac des nombreux individus qui me sont passés sous les yeux, et que j'ai examinés avec soin pour y découvrir des Protozoaires, était absolument vide.

Je n'ai pas vu de mâles; il est probable qu'à l'époque de mes recherches, le 9 juillet, ils sont encore très rares. Les œufs d'hiver n'avaient d'ailleurs pas fait leur apparition.

Fig. 5.

Appareil masticateur. Grossissement, 700.

Nota. — Le dessin n'indique pas assez le caractère bifide de l'extrémité des mâchoires.

Je prie le Dr O.-E. Imhof, de l'Université de Zurich, d'accepter la dédicace de ce nouvel *Asplanchna*. Cet hommage lui est dû pour la série d'intéressants travaux où il a montré, le premier, le rôle considérable que jouent les Rotifères dans la composition des faunes pélagiques lacustres.

Les *Asplanchna* ne sont pas, comme semblent le croire divers auteurs anglais, par exemple Hudson à propos d'*A. Ebbesbornei* (Hudson et Gosse, *The Rotifera or Wheel animalcules;* Londres, 1886; Vol. I, p. 122), des animaux rares. Il s'agit simplement de les chercher là où ils se trouvent et avec des appareils convenables. On les prend alors en quantités énormes.

Cela est tellement vrai, que, malgré leur extrême transparence, certains observateurs les découvrent pour ainsi dire malgré eux.

C'est ce qui est arrivé notamment à Herrick, en récoltant les Entomostracés du Minnesota.

L'auteur américain ne paraît pas, du reste, avoir apprécié à sa valeur l'importance d'une trouvaille, qui vient fournir un nouvel et remarquable exemple de la singulière homogénéité des faunes pélagiques lacustres et de la vaste répartition géographique des types qui la constituent.

Toutefois, Herrick figure l'un des *Asplanchna* qu'il a recueillis d'une manière assez claire pour qu'il soit permis d'y reconnaître une espèce inédite et de la décrire au moins sommairement.

Asplanchna Herricki, nov. sp.

(*Fig.* 6.)

Herrick, *Final Report on the Crustacea of Minnesota, including in the orders Cladocera and Copepoda*, Pl. V, fig. 8 et 9 (12th ann. Rep. geol. nat. hist. surv. Minnesota, 1884).

Id. *Notes on american Rotifers.* — Bull. of the scient. laborat. of Denison Univers. Vol. I, p. 61 ; 1885.

DIAGNOSE.

Femina. — Corpus lageniforme; maxillæ duobus tantum ramis compo-

Fig. 6.

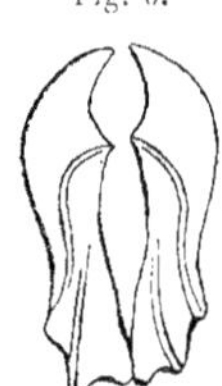

Appareil masticatoir (d'après Herrick).

sitæ, validæ, margine interno fere recto, unco robusto terminatæ, apice interne haud denticulato.

Mas ignotus.

Long. ?

Dans l'explication de la Pl. V, Herrick affirme que son *Asplanchna* est hermaphrodite; le fait n'est pas vraisemblable. Quant à la ressemblance qu'indique l'auteur, dans son second travail, entre la présente espèce et l'*A. Brigthwelli*, elle montre simplement que la comparaison n'a pas été faite avec soin. Il suffit de jeter un coup d'œil sur l'appareil masticateur des deux types pour voir combien ils sont différents.

Localité. — Minnesota (États-Unis).

Antérieurement à Herrick, un entomologiste allemand, Kramer, bien connu par ses travaux sur les Acariens, avait eu l'occasion de rencontrer (probablement en cherchant des Acariens dans les eaux douces) une espèce d'*Asplanchna*. Étudié et figuré, quoique d'une manière imparfaite, par Kramer, ce Rotifère n'a pas reçu de nom. La forme de ses mâchoires paraît cependant le distinguer de tous ses congénères.

Asplanchna Krameri, nov. sp.

(*Fig.* 7.)

KRAMER, *Eine Bemerkung über ein Räderthier aus der Familie der Asplanchneen* (Archiv. f. Naturges. 42ᵉ ann., Vol. I; 1876. Pl. VIII, fig. 1-4).

DIAGNOSE.

Femina. — Corpus globosum; maxillæ duobus tantum ramis compositæ,

Fig. 7.

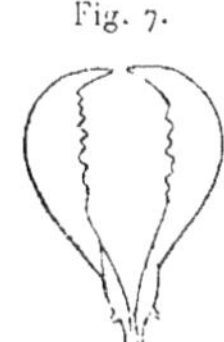

Appareil masticateur (d'après Kramer).

curvatæ, ad basim graciles, extremitate valida, cultriformi, margine interiore denticulato.

Mas ignotus.

Long. 0^{mm},5.

Localité. — Schleusingen? (Allemagne).

Voici enfin la description d'une espèce qui m'est communiquée par M. Jules Richard et que je ne puis rapporter à aucune des formes connues.

Asplanchna Girodi, nov. sp.

(*Fig.* 8.)

DIAGNOSE.

Femina. — Corpus globosum; maxillæ duobus tantum ramis compositæ elongatæ, validæ; rami apice bidentati, dente una curvata, subobtusa, altera compressa, lamellosa.

Mas ignotus.

Long. $0^{mm},85$. Lat. $0^{mm},55$.

Cet *Asplanchna*, qui atteint certainement 1^{mm} de longueur (les mesures ci-dessus sont prises sur des spécimens contractés dans l'alcool), se distingue entre tous ses congénères par la dent lamelleuse de son appareil masticateur (*fig.* 8).

Fig. 8.

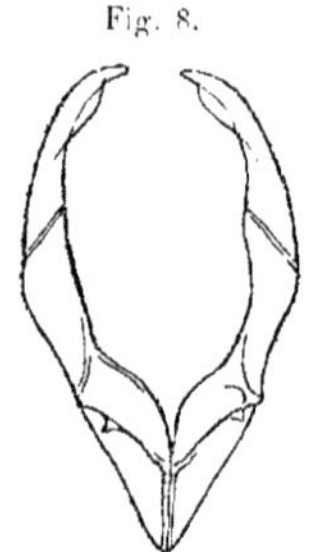

Appareil masticateur. Grossissement 300.

Localité. — Trouvé d'abord en petit nombre par M. J. Richard aux environs de Vichy (Allier), dans l'étang de Cognet, le 16 septembre 1886, ce Rotifère a été recueilli depuis par le même zoologiste dans le lac Chambon (Puy-de-Dôme), à 880^{m} d'altitude, le 15 août 1887. Il y était abondant.

Je comptais dédier cette espèce au jeune et zélé naturaliste qui l'a découverte, mais M. J. Richard, par un sentiment qui l'honore, m'a prié d'y attacher le nom du Dr Girod, professeur à la Faculté des Sciences de Clermont, sous la direction duquel se sont accomplis ses premiers travaux (1).

(1) C'est à l'initiative du Dr Girod que sont dues les recherches actuellement poursuivies sur la faune de l'Auvergne, recherches au cours desquelles M. J. Richard a rencontré, non seulement l'*Asplanchna* décrit ci-dessus, mais bien d'autres types intéressants dont il ne tardera pas à publier la liste.

TABLEAU DES ESPÈCES DU GENRE *ASPLANCHNA*.

- Corps
  - globuleux chez les deux sexes; appareil masticateur
    - formé de quatre pièces; pièce médiane
      - large, à bord interne droit, extrémité denticulée; denticulations
        - au nombre de six, pièce externe fortement arquée . *A. helvetica* Imhof.
        - plus nombreuses, la dent terminale très longue; pièce externe à peine arquée.................. *A. priodonta* Gosse.
      - étroite, arquée, munie d'une forte dent sur son bord interne.................. *A. Brightwelli* Gosse.
    - formé de deux pièces
      - larges, robustes, non denticulées sur le bord interne.......................... *A. Herricki* (¹) de Guerne.
      - assez larges, denticulées sur le bord interne, base grêle...................... *A. Krameri* (¹) de Guerne.
      - étroites, bord interne arqué écartées l'une de l'autre; extrémité bidentée
        - une dent à peine marquée vers le milieu du bord interne.................................. *A. syrinx* (¹) Ehrenberg.
        - une forte dent vers le milieu du bord interne..... *A. Imhofi* (¹) de Guerne.
        - pas de dent sur le bord interne; l'une des dents terminales lamelleuse.......................... *A. Girodi* (¹) de Guerne.
  - muni d'appendices
    - chez les deux sexes, appareil masticateur formé de deux pièces.............................. *A. Ebbesbornei* Hudson.
    - chez le mâle seul, appareil masticateur formé de quatre pièces.............................. *A. Sieboldi* Leydig.

(¹) Mâle inconnu.

J'ai résumé, dans le Tableau ci-contre, d'une manière artificielle, mais que je me suis efforcé de rendre claire et pratique, les principaux caractères des espèces actuellement connues du genre *Asplanchna*. Les distinctions m'ont paru devoir être empruntées de préférence à l'appareil masticateur qui semble varier très peu dans une même espèce. De plus, le mastax, qui résiste, comme on l'a vu ([1]), à la digestion chez certains Poissons au point d'être reconnu dans leur intestin, pourra servir à déterminer les types provenant de pêches faites au loin et fixées sur place. Il arrivera souvent, d'ailleurs, dans ce cas, surtout s'il s'agit de faunes pélagiques, que les *Asplanchna* s'y trouveront en grand nombre et qu'il sera facile de dilacérer pour l'étude beaucoup de spécimens.

Le Tableau dichotomique devra être maintenu au courant des progrès de la Science. Il est possible que des découvertes ultérieures fassent passer de la première division dans la seconde les espèces dont le mâle est inconnu. Quant à présent, j'admets, jusqu'à preuve contraire, que toutes les formes dont la femelle seule est décrite, possèdent des mâles globuleux dépourvus d'appendices.

On remarquera que je n'ai fait figurer dans le Tableau ni les *Asplanchna intermedia* Hudson et *triophthalma* Daday ([2]) trop mal définis, ni *A. myrmeleo* Ehr. Ce dernier me paraît devoir être pris pour type d'une nouvelle coupe générique que j'appellerai *Asplanchnopus*. Ce nom est motivé, de même que la séparation du genre, par la particularité remarquable qu'offre *A. myrmeleo* de posséder un pied. La présence de cet organe rudimentaire semblerait indiquer chez ce Rotifère un degré moins avancé d'adapta-

---

([1]) Chapitre IV. *Cyprinosis auratus* Lin. — *Son alimentation.*

([2]) Hudson. *On some male Rotifers*, Montl. micr. Journ., p. 53, Pl. XCI, fig. 7; février 1875; et Hudson et Gosse, *loc. cit.*, vol. I, p. 122, note. — Von Daday, *Neue Beiträge zur Kenntniss der Räderthiere*, Mathem. u. naturwis. Berichte aus Ungarn, vol. I, p. 263; 1883. Voici la diagnose d'**A. triophthalma** : *Corpus truncato-ovatum; ocellis tribus, duobus marginalibus, uno majore collari; organo rotatorio simplice, parum undulato; fronte organis tentaculatis; pede anoque caret.* Longit. corp. $0^{mm},8 - 1^{mm},2$.

D'après l'auteur, ce Rotifère, l'un des plus grands connus, se rapprocherait beaucoup d'*A. Sieboldi* Leyd.; toutefois, le mâle est globuleux. Von Daday ne donne aucun détail sur le mastax. *Localité*, Mezö-Záh (Hongrie?).

On remarquera également qu'il n'est pas fait mention d'*A. Bowesi* Gosse. D'après le savant même qui l'a décrite, cette espèce ne diffère pas d'*A. Brigthwelli* Gosse, *A catalogue of Rotifera found in Britain*, etc. Ann. and mag. of nat. hist. (2), t. VIII, p. 200.

tion à la vie pélagique que chez les véritables *Asplanchna*. Il offrirait, à ce point de vue, quelque analogie avec les *Notops*. Le mâle n'a pas encore été rencontré. Il serait d'autant plus intéressant de voir s'il a conservé, comme l'autre sexe, un vestige de pied, que tous les mâles de la classe sont singulièrement atrophiés.

Asplanchnopus, nov. gen.

(Étymologie : *Asplanchna* et πούς, pied.)

DIAGNOSE.

Femina. — Corpus ovato globosum, pellucidum, pede bifido minimo ventrali instructum; maxillæ duobus tantum ramis compositæ; rami incurvati, validi, apice acuto simplici.

Asplanchnopus generi *Asplanchna* dicto ceterùm valde affinis.

Mas ignotus.

Ce Rotifère devra d'ailleurs reprendre le nom spécifique de *multiceps*, qui lui a été attribué par Schrank dès 1793 et qu'Ehrenberg a changé contrairement aux règles de la nomenclature.

Asplanchnopus multiceps, SCHRANK (sp.).

1793. *Brachionus multiceps,* SCHRANK (FRANZ VON PAULA), *Mikroskopische Wahrnemungen* (Der Naturforscher XXVII, p. 30, et Pl. III, fig. 16-19).

1803. *Brachionus multiceps,* SCHRANK, *Fauna boica*, vol. III, 2e Part., p. 139.

1833. *Notommata myrmeleo,* EHRENBERG, *Dritter Beitrag zur Erkenntniss grosser Organisation in der Richtung des kleinsten Raumes* (Abhand. d. K. Akad. d. Wiss. zu Berlin, 1833, p. 214-215).

1838. *Notommata myrmeleo,* EHRENBERG, *Die Infusionsthierchen als vollkommene Organismen,* p. 425, Pl. XLIX, fig. I, 1-3.

1854. *Notomma ta myrmeleo,* LEYDIG, *Ueber den Bau und die systematische Stellung der Räderthiere* (Zeits. f. wiss. Zool., vol. VI, p. 20-24 et Pl. IV, fig. 36).

1884. *Deadly enemy to* Chydorus, HERRICK. *Final report on the Crustacea of Minnesota* (Twelfth ann. rep. of the geol. and nat. hist. surv. of Minnesota, Pl. V, fig. 10-11).

1885. *Asplanchna myrmeleo,* PLATE, *Beiträge zur Naturgeschichte der Rotatorien* (Jenaische Zeits. f. Naturwis., vol. XIX, p. 73-83, et Pl. III, fig. 31-33, 35 et 36).

1885. *Asplanchna magnificus?* Herrick. *Notes on american Rotifers* (Bul. of the scient. laborat. of enison Univers., vol. I, p. 60, Pl. II, fig. 2).

Étant donnés les instruments dont il pouvait disposer, Schrank a fort bien étudié *Asplanchnopus multiceps*. Toutefois, le nom spécifique qu'il lui a attribué a pour origine une erreur d'observation, commise du reste également par Ehrenberg. Ces naturalistes avaient pris pour autant d'organes rotateurs les groupes de cils que de meilleurs moyens d'investigation ont permis d'étudier plus complètement. De même tous deux ont considéré comme latéral le rudiment de pied qui est en réalité ventral, ainsi que Leydig l'a indiqué le premier (1).

Quoi qu'il en soit, le *vielköpfiges Kapselthier* a fourni à Schrank le sujet d'intéressantes observations. On le rencontre fréquemment, dit-il, en juillet et août dans les eaux stagnantes mais claires. Bien que ce soit l'un des plus grands Rotifères connus, son extrême transparence l'a dérobé aux recherches. Il demeurerait invisible si ses viscères n'étaient le plus souvent remplis d'une matière jaunâtre. Encore est-il très difficile à distinguer dans une lumière un peu forte (2).

Schrank a donné de cet animal quatre figures, d'où il résulte qu'il avait saisi les traits généraux de son organisation. Cependant, bien des détails manquent et le mastax, entre autres choses, n'a pas été vu; mais il n'existe aucun doute sur l'identité de l'espèce, ainsi qu'Ehrenberg l'avait déjà reconnu, bien qu'il en ait, comme je l'ai dit, changé le nom (3).

Il est à remarquer qu'*Asplanchnopus multiceps* est le seul type de la famille qui possède des mâchoires terminées en pointe simple et

(1) Leydig, *loc. cit.*, p. 20, et Pl. IV, fig. 36. *Voir* également Plate, *loc. cit.* Pl. III, fig. 31.

(2) Schrank, Naturforscher XXVII, p. 30-32. Il est certain que la transparence des Rotifères de la famille des *Asplanchnidæ* rend leur capture très difficile dans les vases où on les conserve vivants. Il m'est arrivé de chercher en vain pendant fort longtemps quelqu'un de ces animaux dans une eau que je savais en être pleine. Nul doute que cette circonstance, jointe à l'exiguïté de leur taille, n'ait empêché jusqu'ici la découverte des mâles chez plusieurs espèces.

(3) En 1838; Ehrenberg ne paraît pas avoir connu le travail de Schrank lorsqu'il a décrit pour la première fois *Notommata myrmeleo*.

aiguë (¹). Gosse paraît croire (²) que ce Rotifère manque de vésicule contractile; il est peu probable qu'il en soit ainsi, étant données les observations contraires et d'ailleurs toutes concordantes d'Ehrenberg, de Leydig et de Plate.

Je crois devoir identifier avec *A. multiceps* l'espèce récemment décrite par Herrick sous le nom d'*Asplanchna magnificus*, et précédemment figurée par lui sans autre indication que celle-ci : « ennemi mortel des *Chydorus* ». La vérité me force d'ailleurs à ajouter que les dessins de l'auteur américain dépassent en médiocrité tout ce qu'il est possible d'imaginer. Les petites gravures données par Schrank, en 1793, valent mieux sans contredit que ces figures toutes modernes.

A. multiceps découvert par Schrank à Ingolstadt, en Bavière, a été retrouvé à Berlin par Ehrenberg, aux environs de Wurzbourg par Leydig et plus récemment à Bonn et à Brême par Plate. Enfin, il aurait été rencontré en Écosse, à Dundee (d'après Gosse, dans Hudson et Gosse, *loc. cit.*, vol. II, p. 134) et, si l'on admet l'assimilation proposée ci-dessus, au Minnesota (États-Unis).

Quant aux nombreuses formes du genre *Asplanchna*, leur distribution géographique est à peine connue. Étudiées d'abord en Allemagne et en Angleterre, on ne les a pendant longtemps signalées qu'en ces pays; puis, lorsque les recherches se sont multipliées, alors surtout que les travaux relatifs aux faunes pélagiques ont pris une grande extension, ces Rotifères, réputés rares, semblèrent devenir de plus en plus communs. Ainsi, *A. helvetica*, découvert en Suisse par Imhof, existe dans un grand nombre de lacs de l'Italie septentrionale, de l'Autriche, de l'Allemagne du Nord (³) et du Sud.

(¹) On pourrait croire, d'après la description (*rami with singly pointed ends*) et la fig. 32 dans le texte, de Gosse et Hudson (*loc. cit.*, vol. I, p. 29 et 120), qu'il en est de même chez *A. Ebbesbornei*, mais la fig. 3*e* de la Planche XI porte l'indication d'une petite dent, beaucoup plus marquée encore sur la fig. 15 de la Planche X du travail antérieur de Hudson [*On Asplanchna Ebbesbornii, nov. sp.* — Journ. R. microsc. Soc. (2). III : 1883].

(²) Hudson et Gosse, *loc. cit.*, vol. II, p. 134.

(³) Le Dr Zacharias, qui a le premier rencontré *A. helvetica* dans l'Allemagne du Nord et qui en a découvert les mâles, paraît porté à identifier cette espèce avec *A. priodonta* Gosse. Il y aurait lieu de faire, à ce sujet, de nouvelles recherches. Pour ne parler que du mastax, aucun de ceux que j'ai examinés chez les prétendus *A. helvetica* ne me paraît conforme aux figures ou aux descriptions de la même partie chez *A. priodonta*.

Il est probable que les *Asplanchna* signalés d'abord en Alsace, puis dans les ports de Lubeck et de Stockholm, par Imhof (¹) en Russie et en Finlande par Nordqvist (²), appartiennent aussi à cette espèce.

M. J. Richard m'informe qu'il l'a prise en grand nombre dans plusieurs lacs de l'Auvergne (Bourdouze, 800ᵐ? d'altitude et Montcineyre, 1170ᵐ, département du Puy-de-Dôme). Je l'ai recueillie en quantité dans le lac d'Enghien, près de Paris; enfin, le professeur Moniez me communique un *Asplanchna* pêché à Lille et qui se rapproche également beaucoup de l'*helvetica*. On voit que, depuis sa découverte en France, par Imhof dans les lacs d'Annecy et du Bourget (³), ce Rotifère a été rencontré en divers points fort éloignés les uns des autres. Il en sera certainement de même en des régions différentes.

Je puis dès maintenant, grâce au zèle scientifique de mon ami Charles Rabot, signaler la présence d'*A. helvetica* sous le cercle polaire, à une latitude plus haute que celle des lacs explorés par Nordqvist. Il abonde dans l'Imandra et dans le Kolozero (Laponie russe, 68° lat. N.), où M. Rabot l'a pris en quantités considérables, surtout dans la seconde localité, le 16 août 1885, entre 8ʰ et 9ʰ du soir, dans une pêche de surface. Ces nappes d'eau, restes probables d'un ancien détroit émergé, se trouvent à une centaine de mètres au-dessus du niveau de la mer, sous l'isotherme de 0° (⁴).

Il n'est pas sans intérêt de rappeler à ce propos qu'*A. helvetica* a été recueilli en Suisse par Imhof, jusqu'à près de 1800ᵐ d'altitude,

---

(¹) Imhof, *Pelagische Thiere aus Süsswasserbecken in Elsass-Lothringen*. (Zool. Anz., 1885, p. 720.) — Id., *Ueber mikroskopische pelagische Thiere aus der Ostsee*. (Ibid., 1886, p. 612.)

(²) Nordqvist, *Die pelagische und Tiefsee-Fauna der grösseren finnischen Seen*. (Zool. Anz., 1887, p. 339 et 358.)

(³) Imhof, *Die pelagische Fauna und die Tiefsee-Fauna der zwei Savoyerseen : Lac du Bourget und lac d'Annecy* (Zool. Anz., 1883, p. 655).

(⁴) Un certain nombre de zoologistes considèrent la lumière comme la cause principale des migrations verticales quotidiennes de la faune pélagique. Je ferai remarquer à ce propos que, dans les lacs du Nord où cette faune paraît atteindre son maximum de développement, les animaux prétendus nocturnes ou crépusculaires qui la constituent sont précisément condamnés, durant toute la belle saison, à la clarté permanente des longs jours polaires. Il leur est même impossible, à cause de la faible profondeur de beaucoup de lacs, de s'enfoncer assez pour éviter les rayons lumineux.

dans le lac de Campfèr (¹); on le rencontrera sûrement tôt ou tard près de la limite des neiges éternelles.

Les documents chorologiques sont beaucoup moins nombreux pour les autres espèces. *A. Brigthwelli* et *A. priodonta*, connus depuis fort longtemps en Angleterre, ont été retrouvés, il y a une vingtaine d'années, à Brunswick par Eyferth et plus récemment par Plate aux environs de Bonn et de Brême. *A. Sieboldi* est cité à Wurzbourg (Leydig) et à Prague (Stein).

Mais le plus intéressant des *Asplanchna* au point de vue de la distribution géographique est, sans contredit, *A. syrinx*. Décrit par Ehrenberg d'après les spécimens recueillis à Berlin, il est signalé à Saint-Pétersbourg (Weisse), en Égypte et au sommet du pic d'Adam (2260^{m}) à Ceylan (Schmarda).

On sera peut-être tenté de contester l'exactitude des déterminations de cette espèce dont il n'existe encore, à ma connaissance, que la figure publiée par Ehrenberg en 1838. Je ferai observer que, précisément, Weisse et Schmarda, très versés l'un et l'autre dans l'étude des Rotifères, avaient, sans aucun doute, sous les yeux l'Ouvrage d'Ehrenberg (²).

Il n'y a, d'ailleurs, rien d'étonnant à trouver répartis sur toute la surface du globe des animaux faciles à disséminer, qui supportent, d'une part, soit sur les montagnes, soit dans les hautes latitudes, un froid très intense et qui, d'autre part, vivent, notamment, en Égypte dans des eaux d'une température élevée.

Il est probable que des recherches ultérieures feront découvrir, en des localités très variées, les espèces nouvelles ci-dessus décrites, de même qu'*A. Ebbesbornei*, signalé jusqu'ici en un seul point de l'Angleterre. L'exemple d'*A. helvetica* (décrit en 1883) suffit à montrer avec quelle rapidité l'on peut réunir des documents sur la distribution géographique d'un animal lorsque des travaux particuliers amènent à le recueillir par des procédés convenables.

(¹) IMHOF, *Ueber die mikroskopische Thierwelt hochalpiner Seen* (600-2780^{m} *ü. M.*) (Zool. Anz., 1887, p. 13 et 33.)

(²) En signalant la découverte d'*Hydatina senta* aux environs d'Auckland, dans la Nouvelle-Zélande, Schmarda rapporte qu'il a pu comparer sur place les Rotifères vivants aux dessins d'Ehrenberg dont il avait emporté en voyage le volumineux Atlas in-folio! [*Neue wirbellose Thiere beobachtet und gesammelt auf einer Reise um die Erde* 1853 *bis* 1857 (1859). vol. I. p. 50].

Sur le genre Ascomorpha. — Avant de clore ce Chapitre, je dirai quelques mots des *Ascomorpha*, que l'on range d'ordinaire, bien à tort, dans la famille des *Asplanchnidæ*. Les Rotifères de dimensions fort réduites qui appartiennent à ce genre sont très difficiles à étudier et ne paraissent pas être encore suffisamment connus. L'absence d'ouverture anale, qui les a fait rapprocher des *Asplanchna*, n'est point un caractère de premier ordre, car il résulte presque sûrement d'une adaptation à un mode d'existence déterminé. Réunir les formes qui présentent cette particularité, sans tenir compte d'autres détails de structure, c'est tomber dans une erreur semblable à celle qui consisterait, par exemple, à créer une famille pour tous les Rotifères dépourvus de pied.

Aussi mal étudié qu'il soit, il est évident que le faible mastax des *Ascomorpha* ne rappelle en rien les fortes mâchoires des *Asplanchna*. Même observation en ce qui concerne l'estomac, dont les diverticulums singuliers ont été signalés par Gosse et par Bartsch chez deux espèces différentes. Le dernier de ces zoologistes, auquel on doit, d'ailleurs, les renseignements les plus étendus sur ces animaux, a décrit chez *Ascomorpha saltans* une sorte d'enveloppe résistante munie de quatre rides saillantes et symétriques. Vue du côté dorsal avec ses quatre côtes convergeant vers le bas, cette enveloppe offre quelque analogie, sauf toutefois les denticulations de l'ouverture, avec le test de certains *Anuræa* (*A. striata* Ehr., entre autres). Enfin l'auteur hongrois indique chez le même type l'existence d'une sorte de gros tentacule tout à fait inconnu chez les *Asplanchna*. J'ai jugé utile de reproduire (*fig.* 9) le dessin publié par Bartsch dans un travail fort intéressant et trop peu répandu ([1]).

Le genre *Ascomorpha* y est placé en tête du groupe des *Loricata* où

([1]) *Rotatoria Hungariæ*, Pl. II, fig. 17 : pour le titre complet *voir* ci-après l'Index bibliographique. J'ai pu prendre connaissance du Mémoire de Bartsch grâce à l'extrême obligeance du Dr Maurice Vellentszéy, auquel j'offre ici mes bien sincères remerciements.

Plusieurs zoologistes distingués de la Hongrie, Toth, Bartsch, Vejdovsky et plus récemment Von Daday ont étudié avec succès les Rotifères. Il est à regretter que ces naturalistes aient cru devoir publier en hongrois la plupart de leurs travaux. Ceux-ci demeurent par le fait hors de la portée du public scientifique. Agir ainsi par patriotisme est assurément une erreur ayant pour résultat de restreindre beaucoup la notoriété des savants nationaux.

il précède immédiatement le genre *Salpina*. Cette manière de faire me paraît meilleure que celle qui consiste à réunir dans une même famille les *Ascomorpha* et les *Asplanchna*. Toutefois il est préférable, jusqu'à plus ample informé, de laisser ces Rotifères parmi les formes *incertæ sedis*.

Fig. 9.

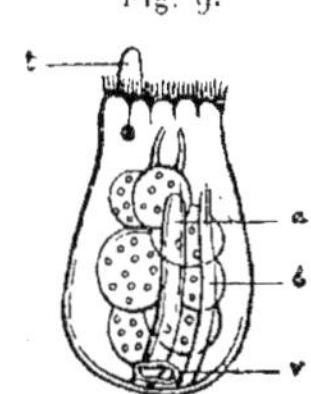

Ascomorpha saltans Bartsch, vu de profil, côté droit.
a et *b*, rides ou côtes de l'enveloppe; *t*, tentacule; *v*, vésicule contractile (d'après Bartsch).

Voici, en quelques lignes, la synonymie complète du genre *Ascomorpha;* cette dénomination doit être adoptée comme la première en date, de même que le nom spécifique d'*ecaudis,* employé d'abord par Perty pour *A. helvetica*. Je ne crois pas qu'il y ait lieu de réunir, à l'exemple de Hudson et Gosse, les trois espèces actuellement connues; *A. saltans* Bartsch me paraît être, en tous cas, un type bien distinct.

Ascomorpha Perty (1850; p. 18); syn. *Sacculus* Gosse (1851; p. 198).

1. **A. ecaudis** Perty (1850; p. 18); syn. *Sac. viridis* Gosse (1851; p. 198); *A. helvetica* Perty (1852; p. 39, Pl. II, fig. 1); *S. viridis* Gosse (1858; p. 320, Pl. XV, fig. 24-26); *S. viridis* Hudson et Gosse (1886; p. 124, Pl. XI, fig. 2).
   Suisse (Perty), Angleterre (Gosse et Hudson).
2. **A. germanica** Leydig (1854; p. 45, Pl. III, fig. 34).
   Wurzbourg (Leydig).
3. **A. saltans** Bartsch (1870; p. 363); *A. saltans* Bartsch (1877; p. 42, Pl. II, fig. 17).
   Tübingen, Budapest (Bartsch).

Les dates placées après les noms d'auteurs renvoient aux Mémoires cités; comme aucune d'elles ne se répète deux fois pour ce qui concerne le genre *Ascomorpha,* il est facile de trouver les titres des travaux en se reportant à l'Index bibliographique.

BIBLIOGRAPHIE DE LA FAMILLE DES ASPLANCHNIDÆ

ET DU GENRE ASCOMORPHA (1).

1793. Schrank (Franz von Paula), *Mikroskopische Wahrnemungen.* — Der Naturforscher, XXVII.

1803. Schrank (Franz von Paula), *Fauna boïca. Durchgedachte Geschichte der in Baiern einheimischen und zahmen Thiere,* Vol. III, 2e Part.

1835. Ehrenberg, *Dritter Beitrag zur Erkenntniss grosser Organisation in der Richtung des kleinsten Raumes.* — Abhandl. d. K. Akad. d. Wissens. zu Berlin; 1833.

1838. Ehrenberg, *Die Infusionsthierchen als volkommene Organismen.*

1848. Brigthtwell, *Some account of a diœcious Rotifer allied to the genus* Notommata *of Ehrenberg.* — Ann. and mag. of nat. hist., (2), II.

1849. Dalrymple, *Description of an infusory animalcule allied to the genus* Notommata *of Ehrenberg hitherto undescribed.* — Phil. Trans. Roy. Soc. Lond.

1850. Perty, *Neue Räderthiere der Schweiz.* — Mittheil. d. naturf. Gesells. Bern.

1850. Gosse, *Description of* Asplanchna priodonta, *an animal of the class Rotifera.* — Ann. and mag. of nat. hist., (2), VI.

1851. Gosse, *A Catalogue of Rotifera found in Britain, with descriptions of five new genera and thirty-two new species.* — Ann. and mag. of nat. hist., (2), VIII.

1852. Perty, *Zur Kenntniss kleinster Lebensformen nach Bau, Functionen, Systematik, mit Specialverzeichniss der in der Schweiz beobachteten.*

1853. Leydig, *Ueber das Geschlecht der Räderthiere.* — Verhandl. d. phys. med. Gesells. Würzburg, vol. IV.

1854. Leydig, *Ueber den Bau und die systematische Stellung der Räderthiere.* — Zeitschr. f. wiss. Zool., vol. VI.

1856. Gosse, *On the structure, fonctions and homologies of the manducatory organs in the class Rotifera.* — Phil. Transact. Roy. Soc. London, vol. 146.

1858. Gosse, *On the diœcious character of the Rotifera.* — Phil. Transact. Roy. Soc. London, vol. 147.

---

(1) Il n'a pas été fait mention dans cette Bibliographie d'un grand nombre de travaux consultés pour établir la distribution géographique des *Asplanchnidæ*.

1864. Slack, *Voracity of the* Asplanchna *and its stomachs currents.* — Intellect. Observ., Vol. V.

1870. Bartsch, *Die Räderthiere und ihre bei Tübingen beobachteten Arten.* — Jahreshefte d. Ver. f. vaterländ. Naturk. in Würtemberg.

1875. Hudson, *On some male Rotifers.* — Montl. microsc. journ., Vol. XIII.

1876. Kramer, *Eine Bemerkung über ein Räderthier aus der Familie der Asplanchneen.* — Arch. f. Naturgesch., 42e année, Vol. I.

1877. Bartsch, *Rotatoria Hungariæ. A Sodró-Allatkák és Magyarországban megfigyelt fajaik.* — Kiadja A Kir. M. Természettud.-társulat.

1878. Eyferth, *Die einfachsten Lebensformen.*

1883. Hudson, *On* Asplanchna Ebbesbornii, *nov. sp.* — Journ. R. microsc. Soc., (2), III.

1883. Von Daday, *Neue Beiträge zur Kenntniss der Räderthiere.* — Math. u. naturwis. Berichte aus Ungarn, Vol. I.

1884. Imhof, *Resultate meiner Studien über die pelagische Fauna kleinerer und grösserer Süsswasserbecken der Schweiz.* — Zeits. f. wiss. Zool., Vol. XL.

1884. Herrick, *A final report on the Crustacea of Minnesota included in the orders Cladocera and Copepoda.* — Twelfth ann. rep. geolog. and nat. hist. Survey of Minnesota.

1885. Plate, *Beiträge zur Naturgeschichte der Rotatorien.* — Jenaische Zeits. f. Naturwis., Vol. XIX.

1885. Herrick, *Notes on american Rotifers.* — Bull. of the scient. laborat. of Denison Univ., Vol. I.

1886. Hudson et Gosse, *The Rotifera or Wheel-Animalcules,* 2 Vol.

1887. Zacharias, *Faunistische Studien in westpreussischen Seen.* — Schrift. Naturforsch. Ges. Danzig. N. F., Vol. VI.

VIII. — Tableau de la faune des Açores.

Relevé général des espèces terrestres et d'eau douce appartenant à la faune des Açores (¹) [*non compris les Mollusques et les Insectes terrestres* (²)].

NOMS des ESPÈCES.	SAN MIGUEL.		FAYAL.		LOCALITÉS DIVERSES et OBSERVATIONS.
	Ponta Delgada.	Sete Cidades.	Caldeira.	Flamengos.	
VERTÉBRÉS.					
Rana esculenta Linné (subsp. *Perezi* Seoane)	+	+	+	..	*Voir* p. 24.
Anguilla vulgaris Flem. = (*A. canariensis* Val.)	..	..	..	..	San Miguel et Florès. *Voir* p. 38, note (2).
Cyprinopsis auratus Linné	+	+	+	..	*Voir* p. 27.
MOLLUSQUES.					
* **Hydrobia? evanescens** de Guerne	..	+	..	..	*Voir* p. 39.
Physa acuta Drap.	..	..	..	..	Furnas, San Miguel [Arruda Furtado et expédition du *Talisman*, dans un jardin (ᵃ)].
* **Pisidium Dabneyi** de Guerne	..	..	+	..	*Voir* p. 41.
INSECTES.					
Hydroporus planus Fabr.	..	..	..	..	Terceira, Fayal, Florès (ᵇ).
Colymbetes pulverosus Sturm.	..	..	..	+	Açores sans autre indication (ᵇ).
* *Agabus Godmani* Crotch	..	..	+	..	Terceira, Fayal, Florès (ᵇ).
Gyrinus Dejeani Brullé	..	..	..	..	Florès, Santa Maria (ᵇ).
Philhydrus lividus Forst	..	..	..	..	Terceira (ᵇ).

(a) *Fide* de Follin et Morelet.
(b) Crotch, *On the Coleoptera of the Azores* (Proceed. zool. Soc. Lond.; 1867).

(¹) Les noms des espèces signalées pour la première fois dans ce travail sont imprimés en **caractères gras**. On a marqué du signe * celles qui paraissent être jusqu'ici spéciales aux Açores.

(²) J'ai cru que mention devait être faite dans ce relevé d'un certain nombre d'Insectes dont les larves tiennent une large place dans la faune des eaux douces. Leur importance serait considérable pour l'alimentation de divers Poissons comestibles faciles à acclimater aux Açores. Ils remplaceraient avantageusement le Cyprin doré et pourraient même s'en nourrir. *Voir* ci-dessus la note (2) de la page 29.

NOMS des ESPÈCES.	SAN MIGUEL. Ponta Delgada.	Sete Cidades.	FAYAL. Caldeira.	Flamengos.	LOCALITÉS DIVERSES et OBSERVATIONS.
Culex sp?	+	..	..	..	Drouet (¹) cite trois espèces de *Culex : pipiens* L., *annulatus* Fab. et *pulicaris* L., abondants dans tout l'archipel.
Chironomus Larves	+	+	..	..	En grand nombre dans l'estomac des jeunes Cyprins.
Id. id.	..	..	+	..	Id.
Corixa atomaria Illig	..	+	..	..	Aucun Névroptère ou Pseudo-Névroptère n'a été signalé jusqu'ici aux Açores (²).
Phryganea, Fourreaux	..	..	+	..	
Æschna sp? Larves	..	..	+	..	
Agrion sp? Id.	..	..	+	..	
MYRIOPODES (³).					
Scutigera coleoptrata Fabr.	..	..	..	..	Santa Maria (⁴).

(¹) DROUET, *Élém. faune açoréenne*, p. 205.

(²) Drouet dit simplement que quelques Libellules, vivant, soit dans les lieux cultivés autour des habitations, soit dans les montagnes près des lacs, ont frappé son attention. *Coléoptères açoréens*, Rev. et Mag. de Zool. (2), Vol. XI, p. 248; 1859.

(³) Dans leurs Ouvrages, maintes fois cités, Morelet et Drouet ont fourni quelques renseignements sur les Myriopodes des Açores; on leur doit la découverte d'une espèce nouvelle, *Julus Moreleti*, décrite par Lucas qui en a donné la diagnose suivante : *Fuscus, capite lævigato, antice testaceo marginato; oculis fuscis, figuram ovalem fingentibus; antennis exilibus, elongatis, testaceo-pilosis, singulis articulis ad basim fulvis; primo segmento lævigato, secundo sensim ad latera striato, subsequentibus subtiliter striatis, ultimo lævigato; spina anali elongata, acuta, supra postice subincurvata; pedibus fulvis vel rubescentibus*. Longit., 33^{mm}; lat., 4 3/4^{mm} (MORELET, *loc. cit.*, p. 96). Un savant suédois, Von Porath, a étudié depuis ces animaux d'une manière plus complète, d'après une collection recueillie dans les îles de Santa Maria et de San Miguel par les Drs F.-A. Smitt et E. Engdahl. Von Porath (*Om några Myriopoder från Azorerna*, Ofvers. af K. Vet. Akad. Förhandl.; Stockholm, 1870) a donné deux figures de détails de *Julus Moreleti* Luc. dont il n'existait aucun dessin; il a fait connaître, en outre, quatre espèces inédites; j'en ai retrouvé trois. Aux formes signalées antérieurement, et que j'ai rencontrées pour la plupart, j'ajoute *Cryptops hortensis* Leach, certainement introduit.

Il est probable que des types exotiques seront découverts dans l'archipel où ils ont dû pénétrer déjà avec divers végétaux.

On sait que la détermination des Myriopodes présente de sérieuses difficultés.

Les spécimens recueillis pendant la campagne de l'*Hirondelle* ont été examinés par un éminent spécialiste, le Dr Robert Latzel, de Vienne, que je suis heureux de remercier ici de son obligeance.

(⁴) VON PORATH, *loc. cit.* Toutes les espèces provenant de Sete Cidades sont indiquées d'après ce travail. Je n'ai pris aucun Myriopode dans cette localité.

NOMS des ESPÈCES.	SAN MIGUEL. Ponta Delgada.	SAN MIGUEL. Sete Cidades.	FAYAL. Caldeira.	FAYAL. Flamengos.	LOCALITÉS DIVERSES et OBSERVATIONS.
**Lithobius longipes* V. Porath...	..	..	+	..	Santa Maria et San Miguel ([1]).
				les deux esp.	Entre Relva et Feteiras. San Miguel (J. de Guerne).
» *erythrocephalus* L. Koch	..	..	+	..	San Miguel ([1]).
» *forcipatus* Fabr...	..	..	..	..	Tout l'archipel ([2]).
**Geophilus hirsutus* V. Porath...	..	..	..	..	Santa Maria et San Miguel ([1]).
Scolopendra cingulata Latr.....	..	..	..	..	San Miguel ([2]).
Cryptops hortensis Leach......	..	..	..	..	Entre Relva et Feteiras, San Miguel (J. de Guerne).
**Polydesmus coriaceus* V. Porath.	+	+	..	..	Entre Relva et Feteiras, San Miguel (J. de Guerne).
» *complanatus* (Auct.).	..	+	..	..	Santa Maria ([1]). Tout l'archipel ([2]).
**Julus Moreleti* Lucas	+	+	..	..	Fayal ([1]). Tout l'archipel ([2]).
* » *propinquus* V. Porath....	+	+	..	..	Entre Relva et Feteiras, San Miguel (J. de Guerne).
» *luscus* Meinert...........	..	+	..	..	Santa Maria ([1]).
ARACHNIDES ([3]).					
Dendryphantes nitelinus E. Sim.	+	..	..	..	
Menemerus semilimbatus Hahn..	+	..	..	..	

([1]) *Voir* la note (4) de la page précédente.

([2]) DROUET, *Élém. faune açor.*, p. 206.

([3]) La faune arachnologique des Açores ou mieux de l'île San Miguel est connue depuis quelques années, grâce à un important travail de M. Eugène Simon : *Matériaux pour servir à la faune arachnologique des îles de l'Océan Atlantique*, etc. (Ann. Soc. entom. France, 6e série, t. III; 1883); c'est à lui que j'emprunte la présente liste. M. Simon, qui a eu l'obligeance d'examiner les Arachnides provenant de l'expédition de l'*Hirondelle*, a bien voulu la revoir. Deux espèces y figurent qui ne sont pas comprises dans le Mémoire cité. L'une, *Oonops pulcher* Templ., a été envoyée à M. Simon depuis la publication de ses *Matériaux* par feu Arruda Furtado, jeune naturaliste originaire des Açores, et récemment décédé à Lisbonne. J'ai trouvé l'autre, *Erigone atra* Blackw., dans l'estomac d'une Grenouille prise dans la caldeira de Fayal.

On ne connaissait jusqu'ici d'autres Arachnides aux Açores que celles de l'île San Miguel. J'en cite trois espèces de Fayal. Il est certain que des recherches attentives y feront découvrir, ainsi que dans les autres îles, la plupart des formes signalées aux environs de Ponta Delgada. Suivant toutes probabilités, quelques types nouveaux sont encore à trouver dans l'archipel. Ceux qu'a décrits M. Simon, et qui peuvent être considérés comme spéciaux à la faune açoréenne, sont actuellement au nombre de huit.

NOMS des ESPÈCES.	SAN MIGUEL. Ponta Delgada.	SAN MIGUEL. Sete Cidades.	FAYAL. Caldeiro.	FAYAL. Flamengos.	LOCALITÉS DIVERSES et OBSERVATIONS.
Calliethera mutabilis H. Lucas..	+	..	..	..	Littoral de la Doria.
» *infima* E. Simon...	+	..	..	..	
Euophrys finitima E. Simon....	+	..	..	..	
Synageles venator H. Lucas....	+	..	..	..	
Ocyale mirabilis Cl............	+	..	+	..	
Lycosa perita Latr............	..	..	..	..	Plage de Nordella, San Miguel.
**Pardosa açorcensis* E. Simon..	+	..	..	..	
* » *Furtadoi* E. Simon...	+	..	..	..	
» *proxima* Koch.......	+	..	+	..	
Xysticus insulanus Thorell.....	+	..	..	..	
Argiope Bruennichi Scopl......	+	..	..	..	
Epeira acalypha Walck........	+	..	..	..	
Zilla X-notata Clerck.........	+	..	..	..	
Meta Merianæ Scopl..........	+	..	..	..	
Tetragnatha extensa L........	..	..	..	..	Lagoa do Conde, San Miguel.
Tegenaria parietina Frc.......	+	..	..	..	
» *domestica* Clerck....	+	..	..	..	
» *pagana* C. Koch....	+	..	..	..	
Textrix coarctata L. Dufour....	+	..	..	..	Entre Relva et Feteiras, San Miguel (J. de Guerne).
Dictyna flavescens Walck......	+	..	..	..	
**Amaurobius dentichelis* E. Sim.	+	..	..	..	
Œcobius annulipes Lucas......	+	..	..	..	
» *navus* Blackw........	+	..	..	..	
Theridion denticulatum Walck.	+	..	..	..	
» *tepidariorum* C. Koch.	+	..	..	..	
Teutana grossa C. Koch.......	+	..	..	..	Ribeira Grande, San Miguel.
» *rufipes* H. Lucas......	+	..	..	..	
Ero furcata Villers...........	+	..	..	..	
Enoplognatha mandibularis Lucas........................	+	..	..	..	Commun partout à San Miguel.
Lasceola testaceo-marginata E. Simon.....................	+	..	..	..	
Erigone atra Blackwall........	..	..	+	..	
» *vagans* Savigny.......	+	..	..	..	
Micronecta rurestris C. Koch...	+	..	..	..	
Lepthyphantes tenebricola Wider.	+	..	..	..	
**Ariamnes delicatulus* E. Simon.	+	..	..	..	
Pholcus phalangioïdes Fuess....	+	..	..	..	
**Prosthesima oceanica* E. Simon.	+	..	..	..	Ribeira Grande, San Miguel.

Noms des espèces.	San Miguel. Ponta Delgada.	San Miguel. Sete Cidades.	Fayal. Caldeira.	Fayal. Flamengos.	Localités diverses et observations.
**Prosthesima setifera* E. Simon.	+	..	..	..	
**Drassus Furtadoi* E. Simon....	+	..	..	..	
Scytodes thoracica Latr........	+	..	..	..	
Loxosceles rufescens L. Dufour..	+	..	..	..	
Segestria florentina Rossi......	..	..	..	..	Ribeira Grande (Arruda Furtado), entre Relva et Feteiras, San Miguel (J. de Guerne).
Dysdera crocata C. Koch......	+	..	..	..	Ginetes, Monte Gardo, Ladina-do Ledo, etc. San Miguel.
Oonops pulcher Templeton.....	+	..	..	..	
Filistata testacea Latr.........	+	..	..	..	Ribeira Grande, San Miguel.
» *condita* Cambr........	+	..	..	..	
Chthonius Rayi L. Koch.......	+	..	..	..	
**Obisium cæcum* E. Simon.....	+	..	..	..	
Macrobiotus sp?..............	..	+	+	..	

Hydrachnides. — Acariens. — J'ai trouvé à San Miguel, aux environs de Ponta Delgada et à Sete Cidades, tant au milieu que sur les bords du lac, de même que dans la caldeira de Fayal, un certain nombre d'Hydrachnides et d'Acariens. Ils semblent appartenir à cinq ou six formes distinctes, mais n'ont pu être encore déterminés exactement. Tous sont nouveaux pour la faune des Açores.

Crustacés.					
Rhacodes inscriptus Koch......	..	..	+	..	Entre Relva et Feteiras, San Miguel (J. de Guerne) (1).
Armadillidium granulatum Bran.	..	..	..	..	Tout l'archipel (2).
» *vulgare* M. Edw.	+	..	..	..	Id.
» *sulcatum* M. Edw.	..	..	..	..	Id.
Oniscus murarius Cuvier.......	+	..	..	..	Id.
Porcellio lævis Latr............	..	..	..	..	Id.
» *dilatatus* Brandt......	+	..	..	..	Id. Entre Relva et Feteiras, San Miguel (J. de Guerne).
» *variabilis* Lucas......	..	..	..	..	Tout l'archipel (2).

(1) *Voir* la note (3) de la page 36.

(2) D'après Morelet, cité par Drouet (*Élém. faune açoréenne*, p. 210).

NOMS des ESPÈCES.	SAN MIGUEL.		FAYAL.		LOCALITÉS DIVERSES et OBSERVATIONS.
	Ponta Delgada.	Sete Cidades.	Caldeira.	Flamengos.	
*Philoscia Guernei A. Dollfus..	..	..	+	..	*Voir* p. 44.
Metoponorthrus sexfasciatus Bl.	..	..	..	..	Entre Relva et Feteiras, San Miguel (J. de Guerne).
*Orchestia Chevreuxi de Guerne.	..	..	+	..	*Voir* p. 46.
Daphnella brachyura Liévin....	..	+	..	..	
Leptodora hyalina? Lillj.......	..	+	..	..	Débris.
Daphnia pulex De Geer........	+	..	..	..	
Chydorus sphæricus Jurine....	..	+	+	..	
Alona testudinaria S. Fischer..	..	..	+	..	
» costata G.-O. Sars......	..	..	+	..	
» sp?....................	..	+	..	..	Carapaces très nombreuses, mais indéterminables.
Pleuroxus nanus Baird........	..	+	+	..	
*Cypris Moniezi de Guerne....	+	..	..	..	*Voir* p. 48.
» virens? Jur...........	..	..	+	..	
Canthocamptus sp?...........	+	+	+	..	
Cyclops viridis S. Fischer.....	..	+	+	..	
» diaphanus S. Fischer..	+	..	..	..	
Perichæta sp? (1)...........	..	..	..	..	
Lumbricus sp?...............	..	..	..	..	Entre Relva et Feteiras et San Miguel (J. de Guerne).
» sp?..............	..	..	+	..	
Tubifex rivulorum Lam........	+	..	..	..	
Enchytræus sp?..............	..	..	+	..	
Naïs elinguis O. F. Muller.....	+	+	+	..	
Nephelis octoculata Bergm....	..	..	..	+	
» sp?................	+	..	..	..	(2).
ROTIFÈRES.					
Melicerta tubicolaria Huds.... = (*Tubicolaria najas* Ehr.)..	..	+	..	..	
Cephalosiphon limnias Ehr.... = (*Limnias melicerta* Weisse).	..	+	..	..	
Philodina sp?...............	+	+	..	..	

(1) Recueilli à Furnas (île San Miguel) pendant l'expédition du *Talisman*, par le professeur Ed. Perrier. Cette espèce est certainement introduite, toutefois l'auteur me paraît s'aventurer un peu en disant qu' « on trouve dans le sol des Açores... des vers de terre de tous les pays, *excepté peut-être ceux d'Europe* ». (*Voir* PERRIER, *Les explorations sous-marines*, p. 88).

(2) Cocon trouvé dans un jardin à Ponta Delgada et contenant *un seul* embryon. Je le rapporte avec doute au genre *Nephelis*.

NOMS des ESPÈCES.	SAN MIGUEL.		FAYAL.		LOCALITÉS DIVERSES et OBSERVATIONS.
	Ponta Delgada.	Sete Cidades	Caldeira.	Flamengos.	
Rotifer sp?	..	+	..	..	
Actinurus neptunius Ehr.	+	..	..	..	
Furcularia sp? [1]	..	+	..	..	Pêche pélagique.
» **sp?**	+	..	..	..	
Monostyla lunaris Ehr.	..	..	+	..	
» **quadridentata?** Ehr.	+	..	..	..	
***Asplanchna Imhofi** de Guerne.	..	+	..	..	Pêche pélagique. *Voir* p. 50.
Pedalion mirum Hudson	..	+	..	..	» »
BRYOZOAIRES.					
Plumatella repens L.	+	+	..	..	
NÉMATOIDES.					
Dorylaimus sp?	..	+	..	..	
» **sp?**	..	..	+	..	
Chœtonotus sp?	+	+	..	..	
PROTOZOAIRES [2].					
Vorticella sp?	+	..	..	..	En très grand nombre sur *Daphnia pulex*.
» **sp?**	..	+	..	..	
Podophrya sp?	..	+	..	..	
Difflugia acuminata Ehr.	..	..	..	..	Furnas, S. Miguel (Archer).
* » *azorica* Ehr.	..	..	..	..	San Miguel (Ehrenberg).
» **constricta** Ehr.	..	..	+	..	
» *oligodon* Ehr.	..	..	..	..	San Miguel (Ehrenberg).
» **pyriformis** Perty	..	+	..	..	
Hyalosphenia sp?	..	..	+	..	
Nebela collaris Ehr.	..	..	+	..	
Arcella vulgaris Ehr.	..	..	+	..	
Centropyxis aculeata Ehr.	..	..	+	..	Furnas, S. M. (Archer).
Pseudodifflugia? (Pleurophrys fulva, Arch.)	..	..	..	..	» »
Euglypha alveolata Duj.	..	..	..	..	» »
Trinema enchelys Ehr.	..	+	..	..	San Miguel (Ehrenberg).
Peridinium sp?	..	..	..	..	Furnas, S. M. (Archer).
» **sp?**	..	+	..	..	
Glenodinium sp?	..	+	..	..	
Trachelomonas sp?	..	..	..	..	Furnas, S. M. (Archer).
Dinobryon sertularia Ehr.	..	..	..	..	» »

(1) Grande espèce, munie d'appendices caudaux très longs; c'est peut-être une forme nouvelle.

(2) *Voir* au Chapitre IV, p. 30, le paragraphe spécialement consacré aux Protozoaires. J'ai suivi, pour les Rhizopodes, la nomenclature et la synonymie admises par Leidy (*loc. cit.*).

IX. — Remarques générales et conclusions.

Bien que cette Notice porte d'une manière évidente l'empreinte d'un travail plus approfondi que beaucoup de Mémoires soi-disant définitifs, je la considère cependant comme préliminaire. Le nombre relativement restreint des excursions que j'ai pu faire me paraît devoir motiver cette réserve. Il est toutefois des remarques et des conclusions qui s'imposent.

Le caractère européen de la faune terrestre des Açores a frappé tout de suite les premiers explorateurs. Tous les groupes d'animaux étudiés jusqu'ici avec un soin suffisant fournissent à cet égard des résultats d'une concordance absolue. Il est permis d'affirmer dès aujourd'hui que les recherches ultérieures les confirmeront de plus en plus.

C'est ce qui est d'ailleurs arrivé dernièrement pour les Arachnides de l'île San Miguel, examinés en 1883 par M. Simon :

« L'île ne possède en propre qu'un très petit nombre d'espèces, encore est-il probable qu'elles habitent également les autres îles du groupe des Açores, qui n'ont été jusqu'à ce jour l'objet d'aucune recherche arachnologique.

» La plupart des Arachnides de l'île San Miguel sont d'origine européenne; en effet, sur 48 espèces citées, 8 seulement sont décrites comme nouvelles, 24 sont répandues dans toute l'Europe, 13 sont particulières aux régions méditerranéennes seulement, enfin les deux dernières étaient déjà connues d'autres îles océaniques.

» Les Arachnides européens qui forment la masse de cette faune appartiennent en général à des espèces déjà remarquables par la grande extension de leur habitat. Tels sont, par exemple, *Argiope Bruennichi* et *Enoplognatha mandibularis*, répandus depuis les confins occidentaux de l'Europe jusqu'en Chine et au Japon, ou bien encore comme *Theridion tepidariorum* et *Tagenaria domestica*, qui sont presque cosmopolites (1). »

(1) E. Simon, *loc. cit.*, p. 260.

Ces observations s'étendront certainement par la suite à un plus grand nombre de formes, comme l'indique déjà la découverte que j'ai faite à Fayal d'*Erigone atra* Blackw. Cette espèce, nouvelle pour la faune de l'archipel, est connue en Europe et dans l'Amérique du Nord.

Les Isopodes donnent lieu à des remarques semblables, ainsi qu'en témoigne la Note ci-après communiquée par M. A. Dollfus :

« La faune isopodique des Açores paraît due à l'immigration d'espèces des régions voisines : il est probable que *Rhacodes inscriptus* (¹) a été introduit de Madère, où il pullule. *Metoponorthrus sexfasciatus, Armadillidium granulatum, A. sulcatum* sont des espèces très répandues dans la région méditerranéenne et particulièrement dans le sud de la péninsule ibérique; *Porcellio lævis, P. dilatatus, Oniscus murarius* se retrouvent dans presque toute l'Europe, et la première de ces espèces suit l'homme dans toutes les parties du monde. *Porcellio variabilis,* cité par Morelet, est une espèce algérienne. *Philoscia Guernei* (un seul exemplaire) est la seule forme nouvelle; toutefois il existe au British Museum quelques échantillons indéterminés d'un *Philoscia* qui a les plus grands rapports avec celui-ci; ils proviennent de Sainte-Hélène (²). »

Même resultat pour les Coléoptères : « Quels sont en effet, écrivait Drouet dès 1859, les espèces se rencontrant le plus communément dans cet archipel? Toutes les espèces se retrouvant au même degré de vulgarité dans la France méridionale et même centrale. A tel point que, si l'on n'était pas certain que les Coléoptères compris dans ce Catalogue ont été capturés aux Açores, on pourrait tout aussi bien penser que, sauf quelques rares exceptions, ils proviennent d'une chasse aux environs de Lyon, de Troyes ou de Dijon (³)! »

Les recherches ultérieures de Godman, bien qu'elles aient amené la découverte de quelques formes nouvelles décrites par Crotch, ne

(¹) *Voir* p. 36 la note (3) relative à la synonymie et la distribution géographique de cette espèce.

(²) En admettant que l'identité des formes vienne à se confirmer, un rapprochement s'impose aussitôt au point de vue de la distribution géographique entre *Philoscia Guernei* A. Dollf. et *Filistata condita* Cambr., Arachnide connu seulement à Sainte-Hélène et à San Miguel.

(³) DROUET, *Coléoptères açoréens* [Rev. et Mag. de Zool., (2), vol. XI, p. 248; 1859].

modifient en rien ces conclusions. Sur 212 espèces de Coléoptères connues dans l'archipel, 14 seulement lui sont particulières; 23 se retrouvent, soit en Amérique, soit dans diverses îles de l'Atlantique. Le reste, c'est-à-dire la grande majorité, 82,5 pour 100, appartient à la faune européenne ([1]).

Il serait superflu d'insister; les Oiseaux ne présentent aucune forme propre ([2]), de même les Lépidoptères. Seuls, les Mollusques paraissent faire exception à la règle. Sur 69 espèces, 32 sont généralement considérées comme spéciales à l'archipel. Ce point mérite, à mon avis, d'être discuté, et j'y reviendrai plus loin. Il suffira, quant à présent, de constater que cette proportion, relativement forte, de Mollusques indigènes, ne suffit pas à enlever à l'ensemble de la population animale des Açores son caractère européen ([3]).

La faune des eaux douces, que j'ai découverte et qui est presque exclusivement composée d'espèces européennes, confirme d'une manière frappante les conclusions résultant de l'examen des animaux terrestres. Sur une cinquantaine de formes signalées, trois seulement : *Pisidium Dabneyi*, *Cypris Moniezi*, *Asplanchna Imhofi* et une quatrième mal définie, *Hydrobia? evanescens*, peuvent être regardées comme nouvelles.

Il convient d'ailleurs de remarquer qu'elles se rapprochent de types connus et que pas un genre inédit n'a été trouvé ([4]).

([1]) CROTCH, *in* GODMAN, *loc. cit.*, p. 51.

([2]) Excepté toutefois *Pyrrhula murina* Godman.

([3]) Les chiffres sont empruntés à Morelet. Voici en quels termes le savant explorateur résume son opinion sur les Mollusques de l'archipel : « L'examen des éléments spéciaux dont se compose la faune malacologique des Açores nous montre cette faune totalement dépourvue d'originalité. Elle ne roule, en effet, que sur un petit nombre de types qui, tous, sont l'expression des formes les plus communes. Les Limacinés, réunis aux Vitrines, en constituent à peu près le cinquième. Les Hélices, minces, transparentes, fragiles, varient peu, même dans leurs couleurs; les *Pupa* et les Cyclostomes sont excessivement petits; les Bulimes seuls, relativement nombreux, introduisent quelque diversité parmi cette population monotone qui, sans eux, se confondrait avec celle de l'Europe moyenne. » (MORELET, *loc. cit.*, p. 69.)

Il y aurait lieu de soumettre la faune malacologique des Açores à une critique sévère et raisonnée, ainsi que le Rév. R. Boog Watson l'a fait, dans un très intéressant travail, pour celle de Madère [*Note sur les coquilles terrestres communes à Madère et à d'autres contrées, considérées au point de vue de la distribution des espèces.* Journ. de Conchyl., (3), vol. XVI; 1876].

([4]) En ce qui concerne la Chorologie, il ne faut jamais se hâter de mettre en avant les espèces nouvelles et de s'en servir prématurément pour caractériser une faune. La

La répartition géographique des espèces aquatiques les plus communes aux Açores est extrêmement vaste. Elle dépasse de beaucoup en étendue celle des formes terrestres et d'un grand nombre d'animaux fluviatiles du continent. Prenons quelques exemples parmi les Entomostracés. *Daphnella brachyura* est signalé dans une foule de localités, en Norvège, en Russie, en Suède, en Allemagne, en Autriche, en Suisse, en Italie, dans les Iles Britanniques et jusqu'aux États-Unis. A. Brandt l'a trouvé en Arménie. Même observation pour *Leptodora hyalina*. *Daphnia pulex* est bien connu pour être l'un des Cladocères les plus communs de la zone tempérée. On peut en dire autant de *Chydorus sphæricus;* ces deux espèces sont aussi fréquentes aux États-Unis qu'en Europe. Il est fort probable qu'on leur reconnaîtra par la suite une extension plus grande encore.

Le cas de *Cyclops viridis* n'est pas moins intéressant. Ce Copépode existe en Norvège, en Russie, en Hollande, dans les Iles Britanniques, dans toute l'Europe centrale, en Allemagne, en Suisse, en

---

plupart des noms géographiques appliqués à des formes inédites ne tardent pas à devenir inexacts. Ainsi, beaucoup de Crustacés, trouvés en premier lieu dans le nord de l'Europe, ont été qualifiés de norvégiens. On les a rencontrés plus tard sur les côtes de France ou d'Angleterre, parfois dans la Méditerranée ou l'Adriatique et même au voisinage du Maroc (*Nephrops norvegicus* Lin.) : *Psammobia feroensis* Lam., *Tellina baltica* Lin., *Cardium norvegicum* Speng., *Modiola adriatica* Lam., *Fissurella græca* Lin. vivent très loin du pays dont ils portent le nom ; tous appartiennent à la faune de la Bretagne.

Parmi les Mollusques terrestres, je me bornerai à citer, entre bien d'autres, le cas d'*Helix quimperiana* Ferus., originaire d'Espagne. Dans la classe des Rotifères, *Asplanchna helvetica* Imhof fournit un bon exemple d'épithète particulièrement mal choisie (*voir* ci-dessus, p. 59 et 60). Le nom d'*angarensis*, imposé par Gerstfeld à une Planaire de Sibérie, a cessé d'être juste depuis qu'Hallez a retrouvé cette espèce aux environs de Lille (P. Hallez, *Contributions à l'histoire naturelle des Turbellariés*. Lille, 1879, p. 182).

Je pense qu'il est sage d'éviter, en général, les appellations tirées de la Géographie, d'autant plus que de très intéressantes découvertes sont faites parfois sans qu'on ait pour ainsi dire le moindre indice sur le pays qu'habitent les espèces décrites. Témoin la Méduse d'eau douce, *Limnocodium Sowerbyi*, des serres du Regent's Park [*voir* à ce sujet J. de Guerne, *Méduses d'eau douce et d'eau saumâtre*, etc. Bull. scient. du départ. du Nord, (2), vol. III ; 1880. — Bourne, *On the occurrence of a hydroid phase of* Limnocodium Sowerbyi *Allman and Lankester*. Proc. R. Soc. Lond., vol. XXXVIII ; 1885].

Le professeur Moniez a obtenu, à Lille, un *Tænia* nouveau (*T. Krabbei*) en faisant absorber par des Chiens des Cysticerques trouvés chez un Renne de provenance douteuse, lequel appartenait à une troupe de Lapons exhibés en France à la suite de l'Exposition universelle de 1878. (Moniez, *Essai monographique sur les Cysticerques*, Thèse de la Faculté de Médecine de Lille ; 1880.)

Bohème, en Italie. M. A. Dollfus l'a pris dernièrement en Corse et l'on peut affirmer que l'espèce est répandue sur le territoire entier de la France. Le professeur Moniez l'a signalée dans le département du Nord; d'autre part, M. J. Richard me communique une liste des localités où elle a été recueillie, liste que son étendue même empêche de reproduire ici et où figure une longue série des départements du Centre, de l'Ouest et du Midi. Je dois au même naturaliste la connaissance de la découverte, encore inédite, faite de ce *Cyclops* en Espagne, aux environs de Madrid, par le professeur Bolivar. Enfin, Herrick l'a trouvé aux États-Unis. Il est d'ailleurs certain que ce type, confondu avec d'autres plus ou moins bien définis, a été vu en une foule de points où il est connu sous un nom différent.

J'ai donné précédemment un aperçu de la distribution géographique de *Plumatella repens* (1) et de *Mesostoma viridatum* (2). D'autres Vers sont également très répandus; ainsi *Naïs elinguis*, tout à fait vulgaire en Europe, se rencontre au Groenland (Levinsen).

Quant aux Rotifères, leur Chorologie, à peine ébauchée, montre déjà cependant quelle aire géographique considérable peuvent occuper certaines espèces. L'état actuel de nos connaissances sur la répar-

---

(1) *Voir* p. 30. L'impression du passage relatif à *Plumatella repens* était terminée lorsqu'il m'a été donné de prendre connaissance du travail tout récent du Dr Kraepelin : *Die deutschen Süsswasser-Bryozoen*, 1re part. (Abhandl. des naturwis. Ver. in Hamburg, vol. X; 1887). Ce beau Mémoire, plein d'intérêt à divers points de vue, renferme un certain nombre de faits nouveaux concernant la distribution géographique des Bryozoaires d'eau douce. Le genre *Plumatella* y est signalé en Australie, aux Philippines, au Japon, au Brésil. Je n'ai pas le loisir d'identifier les espèces dont la synonymie est très complexe; mais on ne peut douter qu'une partie au moins des formes indiquées se rapporte à *P. repens*. L'Afrique est le seul continent où les Plumatelles n'aient pas encore été rencontrées; il semble probable que des recherches ultérieures en amèneront aussi la découverte en ce vaste pays.

Les connaissances actuellement acquises sur la répartition des Bryozoaires d'eau douce en Allemagne confirment de tout point l'opinion que j'ai émise au sujet de l'extension de *P. repens*. On la constatera de plus en plus, disais-je (p. 30), *lorsque l'étude des Bryozoaires d'eau douce cessera d'être négligée comme elle l'est généralement aujourd'hui*. Or ces animaux ne sont guère connus en Allemagne qu'au *voisinage des villes universitaires*; c'est-à-dire en des localités où des naturalistes de profession les ont cherchés (Kraepelin, *loc. cit.*, p. 82). L'un des faits chorologiques les plus intéressants signalés par Kraepelin est relatif à *Pectinatella magnifica* Leidy, observé seulement jusqu'ici aux États-Unis et que l'auteur a retrouvé aux environs de Hambourg (*loc. cit.*, p. 138). Il faut s'attendre dans l'avenir à plus d'une découverte semblable, étant donnée la facilité du transport des statoblastes.

(2) *Voir* p. 18.

tition des *Asplanchnidæ* a été résumé ci-dessus ([1]). Il existe aux Açores plusieurs autres types, *Monostyla lunaris* et *Actinurus neptunius* par exemple, que l'on a recueillis en des points de l'Europe très éloignés les uns des autres.

Pedalion mirum est plus remarquable encore à cet égard. Signalé d'abord en Angleterre par Hudson, il a été retrouvé par Imhof dans deux lacs (Annone et Varese) de l'Italie du Nord. Si l'on admet, comme je suis très disposé à le faire, contrairement à l'opinion de Hudson, que ce Rotifère est identique à *Hexarthra polyptera* Schmarda, on recule par là même jusqu'en Égypte les limites de son habitat. Je ne doute point d'ailleurs qu'on n'arrive à démontrer que beaucoup de ces animaux sont cosmopolites.

Le fait est prouvé depuis longtemps, pour un très grand nombre de Protozoaires. La plupart des formes rencontrées aux Açores sont précisément dans ce cas. Il suffit, pour s'en convaincre, de parcourir le tableau synonymique, donné par Leidy ([2]), des innombrables espèces de Rhizopodes si légèrement créées par Ehrenberg.

Il serait aisé de multiplier ces exemples en épuisant la liste des formes citées. Ce qui précède suffit à établir d'une manière générale l'exactitude de la proposition précédemment énoncée, à savoir :

Que la répartition des espèces aquatiques les plus fréquentes aux Açores est extrêmement étendue.

Or la raison qui explique la vaste répartition de ces animaux me paraît être précisément la seule qui permette de comprendre leur présence aux Açores. Un fait remarquable se dégage, en effet, de l'étude de cette faune. Elle est composée presque exclusivement de types faciles à disséminer. Ne semble-t-il pas que les représentants de tous les groupes pourvus d'œufs d'hiver s'y soient donné rendez-vous? Les Cladocères et les Rotifères dominent, puis viennent des *Chœtonotus* et des Tardigrades. Et que trouve-t-on avec eux? Un Bryozoaire muni de statoblastes, des Ostracodes, une Hirudinée à

([1]) P. 59 et suiv. *Voir* notamment, p. 61, ce qui concerne *A. syrinx*.

([2]) Leidy, *loc. cit.*, p. 305-308. On y verra, par exemple, qu'*Arcella guatimalensis*, dont le nom spécifique indique l'origine, n'est autre chose qu'*A. constricta*, trouvé à Fayal. Grâce à l'obligeance de M. Certes, qui a bien voulu me communiquer diverses préparations provenant du cap Horn, j'ai pu voir que les Rhizopodes de ces régions lointaines, *Nebela* et *Centropyxis* entre autres, offrent la plus grande analogie avec ceux des Açores.

cocon, des Turbellariés à capsules ovigères résistantes, enfin des Nématoides ([1]). A peine est-il besoin de mentionner les Protozoaires dont les kystes microscopiques se répandent avec une extrême facilité ([2]).

Nul doute que les organismes énumérés ci-dessus n'aient étendu, ne maintiennent et n'étendent encore aujourd'hui les limites de leur habitat, en dépit de la lutte pour l'existence, et cela grâce aux moyens variés de dissémination qu'ils possèdent.

Suivant toutes les probabilités, c'est de la même manière, en profitant des mêmes avantages, qu'ils sont arrivés aux Açores, dont ils ont progressivement peuplé les eaux. Au point de vue de la dispersion, la différence consiste uniquement en ce que, au lieu de gagner de proche en proche, il a fallu franchir d'une seule traite, à un moment donné, une distance relativement considérable.

([1]) Parmi les animaux aquatiques dont la présence aux Açores s'explique le moins aisément figurent en première ligne les Copépodes. Le transport de ces Crustacés à grande distance paraît devoir être assez difficile. Le professeur C. Semper [*Die natürlichen Existenzbedingungen der Thiere*, vol. I, 1880, note (21), p. 291] dit que les œufs de certains Copépodes peuvent supporter sans dommage la dessiccation. Je ne connais à cet égard qu'un fait positif concernant un *Diaptomus* obtenu à Christiania par la culture d'une vase rapportée sèche d'Australie (G. O. Sars, *On some australian Cladocera raised from dried mud*. Christ. vid. Selsk. Forh., n° 8, p. 5; 1885). On sait que S. Fischer a signalé, à Madère, *Cyclops prasinus* et *Canthocamptus horridus* qu'il a trouvés aussi à Baden-Baden.

D'autre part, l'absence des Spongilles m'a surpris, car les gemmules peuvent être considérées comme très favorables à la dissémination (*voir* à ce sujet W. Marshall, *Einige vorläufige Bemerkungen über Gemmulæ der Süsswasserchwämme*. Zool. Anz., 1883, p. 630 et 648).

([2]) L'étude des Cryptogames inférieurs mettrait sûrement en lumière nombre de faits analogues. Cependant, d'après M. Fabre Domergue, il y aurait lieu de faire quelques réserves à ce sujet, en ce qui concerne les Infusoires ciliés. Mon savant collègue a eu l'obligeance de me communiquer en épreuves ses *Recherches anatomiques et physiologiques sur les Infusoires ciliés*. Cet important travail, qui paraîtra prochainement dans les *Annales des Sciences naturelles* (1888), contient l'exposé de nombreuses observations sur l'enkystement appliqué soit à la conservation, soit à la reproduction. Cette propriété est loin d'être générale; beaucoup d'espèces, dont quelques-unes figurent parmi les plus communes, *Paramæcium aurelia* Müll. et *Glaucoma scintillans* Ehr., par exemple, ne semblent pas la posséder. Toutefois, il existe parmi les Holotriches, les Hétérotriches, les Péritriches et les Hypotriches, un certain nombre de formes qui sécrètent des kystes. Ceux-ci portent même, chez divers types de la famille des *Oxytrichidæ*, des prolongements particuliers qui doivent favoriser la dissémination.

Il importera de tenir compte de ces faits en étudiant les Infusoires ciliés des Açores. Mais il faudra se rappeler également que le Cyprin doré a été introduit dans l'archipel, qu'il y a été apporté dans l'eau, et que celle-ci, même en petite quantité, pouvait contenir une foule d'organismes microscopiques.

Le vent et les Oiseaux peuvent effectuer aisément ce transport rapide et lointain, dont la plus longue durée n'atteint pas, tant s'en faut, les limites extrêmes de la conservation des germes enlevés (1). On serait tenté de croire, d'après les documents réunis par les géologues, que l'action puissante et continue des courants atmosphériques a joué dans ce cas un rôle capital (2). Sans nier son importance, je crois

---

(1) La durée maximum de la vie latente chez ces divers animaux ne sera sans doute jamais connue ; mais il existe dans la Science un grand nombre d'observations montrant qu'elle peut se prolonger longtemps chez beaucoup d'entre eux. Je ne sache pas qu'aucun naturaliste se soit appliqué à les réunir. En voici quelques-unes, simplement destinées à justifier d'une manière générale les opinions exprimées ici.

De la terre, recueillie au sommet des Alpes et conservée sèche depuis quatre ans, a fourni à Ehrenberg des Nématoïdes, des Rotifères et des Tardigrades [EHRENBERG, *Ueber auch nach fast 4 Jahren fortlebende mikroskopische Thiere in trockner Erde von der hohen Alpen des Monte Rosa* (Ber. üb. die zur Bekanntmach. Verhandl. d. K. P. Akad. d. Wiss. Berlin, 1855)].

Des *Rhabditis aceti* ont été obtenus en semant de la colle desséchée depuis trois ans et contenant des œufs de cette espèce sur de l'empois frais d'amidon. — P. HALLEZ, *Recherches sur l'embryologie et sur les conditions de développement de quelques Nématodes* [Mém. Soc. sc. Lille, (4), vol. XV, 1886, p. 46 du tirage à part].

On doit au professeur Balbiani quelques remarques sur la durée de la vie latente des œufs d'hiver de *Notommata Wernecki* Ehr., Rotifère parasite des *Vaucheria*. Ces œufs, pondus dès les premiers jours d'avril, ne présentèrent aucun signe de développement pendant tout l'été, l'automne et le commencement de l'hiver. Les observations ayant été interrompues en cette saison, il se trouva qu'à la fin de mars tous les œufs étaient vides. Ils avaient d'ailleurs perdu, longtemps avant d'éclore, l'abri des *Vaucheria*, ces Algues étant mortes et tombées en décomposition. [BALBIANI, *Observations sur le Notommate de Werneck* (Notommata Werneckii) *et sur son parasitisme dans les tubes de Vauchériées*. Ann. Sc. nat. Zool., (6), vol. VII, 1878, art. 2, p. 36.]

En ce qui concerne la résistance des statoblastes, je rappellerai l'expérience faite autrefois par von Nordmann, qui transporta ces corps desséchés, dans du papier, de Paris à Odessa, où il les vit se développer. [A. VON NORDMANN, *Ueber einen mit günstigem Erfolg angestellten Versuch Süsswasserpolypen von Paris nach Odessa zu verpflanzen* (Bull. scient. Acad. Sc. Saint-Pétersbourg, vol. VIII, 1841, p. 353). G. O. Sars (*loc. cit.*, p. 3) a obtenu à Christiania une Plumatelle d'Australie au moyen de statoblastes trouvés dans de la boue sèche. Tout récemment, le Dr Kraepelin a fait éclore à Hambourg des statoblastes de *Pectinatella magnifica* Leidy, qui lui avaient été envoyés des États-Unis. [KRAEPELIN, *loc. cit.*, p. 136; *voir* ci-dessus la note (1) de la p. 77].

On trouvera nombre de faits intéressants sur les œufs d'hiver des Cladocères dans l'ouvrage déjà cité de Weissman [*voir* la note (1), p. 15 du présent travail]. L'auteur a consacré un Chapitre entier à l'étude des conditions du développement de ces œufs. Il semble que la durée de leur vie latente ne s'abaisse jamais au-dessous de dix jours.

Enfin, pour les Infusoires, je renverrai au Mémoire de Fabre Domergue qui paraîtra prochainement et où tout ce qui concerne l'enkystement est traité avec détails [*voir* la note (2) de la page précédente].

(2) Sur l'action du vent, *voir* GEIKIE, *Text book of Geology*, 1882, p. 320. On remarquera que les nombreux phénomènes décrits se produisent toujours à terre, sur

cependant qu'une très grande part doit être attribuée aux Oiseaux dans le peuplement des eaux açoréennes. Le sujet offre un intérêt assez général pour mériter qu'on s'y arrête un instant.

Il est positif que, sur le continent, le vent soulève et transporte sans cesse des quantités variables de matières plus ou moins ténues. On remarquera toutefois que le phénomène ne se produit avec une certaine intensité qu'en des régions arides et dénudées, dans les déserts ou sur les plages, c'est-à-dire en des points où les organismes d'eau douce sont évidemment très rares.

Pour que la dispersion s'opère, *d'une seule traite,* à une grande distance, il est nécessaire que les particules entraînées soient enlevées tout d'abord, et en masse, à une hauteur considérable.

Les éruptions volcaniques qui lancent verticalement dans les airs des quantités énormes de cendres, soutenues d'ailleurs au début de leur ascension par des gaz surchauffés, semblent réaliser ces conditions. Aussi la répartition des ponces, à l'état d'extrême division, dans les grandes profondeurs océaniques, est-elle assez uniforme pour que des géologues d'une compétence indiscutable leur attribuent en majeure partie l'origine des sédiments abyssaux [1].

Mais tel n'est point le cas ordinaire, et l'on voit, par exemple, les pluies de poussière rouge [2] couvrir presque régulièrement l'Atlan-

---

des espaces continus et en général à une faible hauteur au-dessus du sol. Thoburn et Virlet d'Aoust ont observé, l'un aux Indes, l'autre au Mexique, des faits importants au point de vue de l'ascension des poussières.

Le cas de Thoburn, rapporté par Tissandier (*Les poussières de l'air,* 1877, p. 92), est particulièrement intéressant, parce que l'orage de poussière se produit dans un bassin lacustre soumis à des dessèchements périodiques et où peuvent se trouver par conséquent toutes sortes d'œufs et de graines. *Voir* VIRLET D'AOUST, *Observations sur un terrain d'origine météorique ou de transport aérien qui existe au Mexique et sur le phénomène des trombes de poussière auquel il doit principalement son origine* [Bull. Soc. géolog. de France, (2). Vol. XV, 1857-1858].

Tout récemment, M. Van den Broek a considéré le limon hesbayen des plaines de la Belgique comme ayant une origine éolienne [E. VAN DEN BROEK, *Note préliminaire sur l'origine probable du limon hesbayen ou limon non stratifié homogène* (Bull. Soc. belge géolog., paléont., hydrol.), séance du 25 septembre 1887].

(1) *Voir* J. MURRAY et A.-F. RENARD, *Les caractères microscopiques des cendres volcaniques et des poussières cosmiques et leur rôle dans les sédiments de mer profonde* (Bull. Mus. roy. Hist. nat. Belgique, Vol. III, 1884-1885).

(2) Le mot de *Passatstaub,* employé par Ehrenberg, n'est pas à conserver, car il repose sur une erreur. Les poussières rouges que l'illustre micrographe croyait apportées de l'Amérique du Sud par les contre-alizés semblent provenir le plus souvent

tique dans des limites qui varient peu. Le courant aérien qui les amène du Sahara semble manquer, sauf dans quelques circonstances exceptionnelles, de la force nécessaire pour les entraîner plus au large. Ce fait paraît d'autant plus digne d'être remarqué, dans le cas actuel, que les pluies en question se composent presque toujours d'éléments plus ténus et moins denses que bien des œufs d'animaux inférieurs.

Il y a tout lieu de croire que les corpuscules transportés dans l'atmosphère tendent à tomber aussitôt que le vent faiblit. Un triage fort rapide des matières en suspension s'opère suivant leur densité, ainsi que le démontrent le calcul, l'expérience et l'observation [1].

---

du Sahara. *Voir* à ce sujet HELLMANN, *Ueber die auf dem Atlantischen Ocean in der Höhe der Capverdischen Inseln häufig vorkommende Staubfälle*, avec une Carte (Monatsber. der K. P. Akad. d. Wiss. Berlin, 1878, p. 364). — DINKLAGE, *Die Staubfälle im Passatgebiet des Nordatlantischen Oceans*, avec quatre Cartes (Annal. d. Hydrograph. u. marit. Meteorol., Vol. XIV, 1886, p. 69 et 113). — *Voir* également le grand travail d'Ehrenberg : *Passatstaub und Blutregen. Ein grosses organisches unsichtbares Wirken und Leben in der Atmosphäre* [Abandl. d. K. Akad. d. Wiss. zu Berlin, 1847 (1849)]. Ehrenberg a donné, dans ce Mémoire, ainsi que dans les deux autres précédemment cités, p. 30, note (3), une foule de renseignements sur les prétendues pluies de sang et autres matières, signalées depuis les temps les plus reculés jusqu'à l'époque moderne. En somme, à part les Diatomées, très souvent du reste mortes ou même fossiles, ces fameuses *pluies d'organismes* ne contiennent guère que des débris. Les êtres vivants ou leurs germes (sans parler des Bactéries qu'on a cherchées seulement plus tard par des procédés convenables) y sont effectivement très rares. Les Rhizopodes s'y trouvent en majorité; mais il faut tenir compte, en ce qui concerne le nombre en apparence fort élevé des espèces, de la tendance regrettable qu'avait Ehrenberg à multiplier indéfiniment celles-ci.

(1) « Le calcul démontre que des grains minéraux de très petite dimension, $\frac{1}{100}$ de millimètre de diamètre, par exemple, tombent encore avec une vitesse assez considérable (0m,66 par seconde pour la silice, en supposant une forme sphérique). » (G. TISSANDIER, *loc. cit.*, p. 10.)

« ... L'inspection microscopique (de diverses pluies terreuses) m'a fait voir que la matière organique qui entre dans leur composition est presque essentiellement formée de débris d'Algues qui ne peuvent provenir exclusivement de l'air. Les parcelles dont ces poussières sont formées offrent une ressemblance complète avec les débris d'Algues et les corpuscules minéraux que l'on observe entre les grains beaucoup plus gros du sable du Sahara. Il y aurait donc là une véritable élection des substances les plus fines et les plus légères du sable du désert, opérée par le vent. En ne soulevant que les corpuscules les plus petits, et parmi ceux-ci les débris végétaux, les tourbillons aériens pourraient former une poussière riche en matière organique, tout en l'extrayant d'un sable qui en est pauvre, par le seul fait qu'il opérerait cette extraction sur des masses considérables.

» ... J'agite du sable du Sahara dans une petite quantité d'eau distillée; après quelques secondes de repos, le sable tombe au fond du vase où l'on opère: mais l'eau

Sur un vaste territoire continental, une ou plusieurs chutes successives ne sont pas un obstacle au transport lointain. Celui-ci s'accomplit en quelque sorte par étapes, et de très grandes distances en surface ou en altitude peuvent être franchies peu à peu. Ainsi s'explique fort bien la présence de Rotifères, de Tardigrades et de Nématoïdes au sommet des Alpes ou de l'Himalaya (¹).

Mais, au-dessus de l'Océan, les choses ne se passent plus de même, il n'y a pas d'arrêt possible et tout germe qui tombe est perdu.

Les Açores présentent d'ailleurs, au point de vue de l'introduction des organismes par le vent, diverses conditions singulièrement défa-

---

reste trouble sous l'influence d'un fin limon qu'elle tient en suspension et qui, examiné au microscope, offre identiquement l'aspect des pluies terreuses tombées autour du continent africain. Je suis arrivé encore à reproduire la matière de ces pluies de poussières en entraînant, à l'aide d'un fort courant d'air, les substances les plus fines du sable du désert, qui traversaient un tube en tombant d'un sablier. L'examen du sable du désert de Gobi, qui fournit sans doute la matière des fréquentes pluies de poussière de la Chine, m'a donné les mêmes résultats. » (G. Tissandier, *loc. cit.*, p. 87 et suiv.)

La citation suivante, bien qu'il s'agisse de faits étrangers à la Zoologie, montre comment le triage des organismes s'accomplira dans les airs et de quelle manière beaucoup d'entre eux iront se perdre dans l'Océan :

« Il est évident que, par ce mode de transport (le vent), les particules vitreuses seront amenées à des distances plus considérables du centre d'éruption que les minéraux qui leur sont associés. Nous devons noter en outre qu'à la sortie du cratère elles sont plus abondantes dans les cendres que les minéraux; qu'elles jouissent de particularités de structure qui permettent aux courants aériens de s'emparer d'elles et de les entraîner au loin. Ces esquilles vitreuses, formées d'une matière silicatée où les bases les plus lourdes n'entrent dans la composition que pour une petite partie, sont criblées de bulles gazeuses qui abaissent leur densité, en même temps qu'elles déterminent une fragmentation en particules extrêmement fines. Les minéraux des cendres volcaniques, au contraire, ne possèdent pas cette structure bulleuse, ils ne sont pas non plus dans cet état de tension des poussières vitreuses brusquement refroidies; ils ne se réduisent donc pas aussi facilement en poudre impalpable et d'une extrême légèreté. Enfin, plusieurs de ces espèces minérales volcaniques, grâce aux bases qui jouent le rôle principal dans leur composition, ont un poids spécifique élevé; elles ne seront donc pas entraînées si loin du foyer que les particules vitreuses. Dans tous les cas, celles-ci constitueront la partie essentielle de tout sédiment formé de cendres volcaniques.

» Les observations que l'on a réunies jusqu'ici sur la répartition des cendres volcaniques du Krakatau offrent un nouvel exemple des faits que nous venons d'indiquer. A mesure qu'on s'éloigne du volcan, les cendres recueillies sont de moins en moins riches en minéraux. C'est ainsi que, d'après une Communication verbale de M. Judd, les cendres trouvées au Japon après l'éruption d'août 1883, ne contiennent déjà presque plus de pyroxène ni de magnétite. » (J. Murray et A.-F. Renard, *loc. cit.*, p. 14.)

(¹) Ehrenberg, *Mikrogeologie*, Pl. 35, B — Id. *Beitrag zur Bestimmung des stationären mikroskopischen Lebens in bis 20000 Fuss Alpenhöhe* (Abhandl. d. K. Akad. d. Wiss. zu Berlin. 1858).

vorables. Les pluies y sont très fréquentes ([1]). Or on sait, par les travaux des micrographes, que *l'humidité est l'une des causes les plus puissantes de l'affaiblissement du chiffre des germes aériens* ([2]). La pluie n'étant pas strictement limitée au territoire des îles, il est évident que beaucoup de particules flottantes, si l'on admet qu'il s'en trouve jusqu'en ces parages, doivent être abattues dans la mer voisine.

D'autre part, les vents variables et tournants qui dominent dans toute la région de l'archipel ne paraissent guère propres à y amener les matières purement passives suspendues dans l'atmosphère ([3]).

On tiendra compte également de la rareté dans l'air des organismes spécialement envisagés ici, c'est-à-dire des Rotifères, des Tardigrades, des Infusoires ([4]); jamais encore, à ma connaissance, un statoblaste ou un œuf d'hiver de Cladocère n'y a été recueilli.

Enfin le grand facteur, qu'il est si important de ne jamais négliger dans les choses de la nature, le temps, ne saurait être invoqué dans ce cas, comme pouvant contrebalancer absolument, grâce aux faits exceptionnels survenus dans le cours des siècles, les circonstances particulières dont il vient d'être question. Les eaux douces des lacs açoréens sont en effet, comme on le verra plus loin, d'origine relativement très récente, et il est permis de supposer que la faune des petites mares, qui pouvaient s'être formées antérieurement, a été maintes fois sinon totalement détruite, du moins profondément troublée dans son existence ([5]).

([1]) D'après Thomas de Bettencourt, les jours de pluie durant une année (novembre 1857 à octobre 1858) à Horta, île de Fayal, sont au nombre de 196. (Hartung, *loc. cit.*, p. 35.)

([2]) P. Miquel., *Les organismes vivants de l'atmosphère*, 1883, Chap. VII; *voir* les diagrammes des pages 215 et 217.

([3]) Coffin, *The winds of the globe*, etc. Smithson. contribut. to Knowd. 268. Washington, 1875. — *Voir* également les Cartes de Brault, n°s 3381 à 3384 du Dépôt de la Marine (*Direction et intensité probable des vents dans l'Atlantique nord*).

([4]) « A. Pouchet, Cunningham, Charles Robin et bien d'autres observateurs n'ont pu saisir qu'exceptionnellement dans l'atmosphère ces petits êtres élégants, répandus à profusion dans la moindre flaque d'eau..... Pour ma part, j'ai rarement aperçu, dans les milliers d'échantillons de poussières aériennes qui ont passé sous mes yeux, des œufs et des cadavres d'Infusoires nettement reconnaissables. Cependant, à plusieurs reprises, ces sédiments m'ont montré des Rotateurs enkystés, des carapaces de Cyclopes, mais cela à des intervalles fort éloignés, de six mois en six mois, d'année en année. » Miquel, *loc. cit.*, p. 27.

([5]) *Voir* ci-après, p. 91-92.

Si l'on compare maintenant l'action des Oiseaux à celle du vent, on reconnaît que la plupart des obstacles qui semblent devoir paralyser plus ou moins cette dernière ne contrarient l'autre en aucune façon.

Les Oiseaux, en effet, sont loin d'être troublés dans leur vol par l'humidité, et c'est un fait bien connu des colombophiles, que la sécheresse est nuisible aux Pigeons voyageurs. En France, par exemple, ces animaux accomplissent facilement et avec un succès presque certain de longs trajets dans la région de l'ouest, sans cesse rafraichie par les brises de l'Océan. Les lâchers de la vallée du Rhône, brûlée par le mistral, donnent des résultats beaucoup moins satisfaisants (1).

Au large des Açores, il faudrait sans doute examiner pendant très longtemps des masses d'air considérables pour parvenir à en extraire une quantité de matière équivalente à celle que peut transporter en quelques heures un seul Oiseau. Encore n'y trouverait-on pas, suivant toutes probabilités, d'objets d'un volume semblable. Les observations de Darwin sont décisives à cet égard (2).

---

(1) Du Puy de Podio, *Essai sur le vol des Oiseaux en général. Considérations particulières au vol des Pigeons voyageurs*. 2e édit. Aire sur l'Adour, 1879, p. 30 et suiv.

(2) « Bien que les becs et les pattes d'Oiseaux soient généralement propres, il y adhère parfois un peu de terre; j'ai, dans une occasion, enlevé 61 grains (environ 4gr) et, dans une autre, 22 grains (1gr,4) de terre argileuse, d'une patte de Perdrix, dans laquelle se trouvait un caillou de la grosseur d'une graine de vesce. Voici un cas meilleur : j'ai reçu d'un ami la patte d'une Bécasse, à la jambe de laquelle était attaché un fragment de terre sèche pesant 9 grains (0gr, 58) seulement, mais contenant une graine de *Juncus bufonius* qui, ultérieurement, germa et fleurit. M. Swaysland, de Brighton, qui, depuis quarante ans, étudie avec beaucoup de soin nos Oiseaux de passage, m'informe qu'ayant souvent tiré des Hochequeues (Motacillæ), des Motteux et des Tarriers (Saxicoles) à leur première arrivée et avant qu'ils se fussent abattus sur nos rives, il a plusieurs fois remarqué qu'ils avaient aux pattes de petites parcelles de terre sèche. On pourrait citer beaucoup de faits qui montrent combien le sol est presque partout chargé de graines. Le professeur Newton m'a envoyé une patte de Perdrix (*Caccabis rufa*) devenue, à la suite d'une blessure, incapable de voler, et à laquelle adhérait une boule de terre durcie qui pesait 6,5 onces (environ 200gr). Cette terre, qui avait été gardée trois ans, fut ensuite brisée, arrosée et placée sous une cloche de verre; il n'en leva pas moins de 82 plantes consistant en 12 Monocotylédonées, comprenant l'avoine commune et au moins une espèce d'herbe, et 70 Dicotylédonées qui, d'après les jeunes feuilles, appartenaient à trois espèces distinctes..... » Darwin, *L'Origine des espèces*, etc. Traduction Moulinié, p. 390; 1873.

L'illustre naturaliste n'a traité, dans ce paragraphe, que de la dispersion des végétaux. Il est évident que les particules terreuses transportées par les Oiseaux peuvent contenir des kystes de Protozoaires ou des œufs d'organismes plus élevés tout aussi bien que des graines.

J'ai enlevé moi-même des pattes d'un Canard sauvage assez de vase pour couvrir entièrement un fond d'assiette de 15^{cm} de diamètre. Des débris végétaux atteignant jusqu'à 30^{mm} de long sur 4^{mm} de large adhéraient également aux lamelles du bec. D'autre part, plusieurs Sarcelles d'hiver, *Querquedula crecca* Lin., tuées au Croisic (Loire-Inférieure) par M. Chevreux, portaient aux pattes des grains de quartz ovoïdes de $0^{mm},80$ sur $0^{mm},55$ de diamètre et des plaques de mica dépassant en surface 1^{mmq}.

Les pattes en apparence les plus propres offrent presque toujours, dans les interstices des écailles, de minimes parcelles de terre ou de boue durcie qu'on arrive à recueillir sans peine par un lavage fait avec soin. L'examen sommaire de produits ainsi obtenus sur des Canards sauvages et des Sarcelles d'hiver m'a fourni récemment un œuf de Cladocère (Lyncéide?), une antenne de *Cyclops?* des soies d'Oligochètes, une valve d'Ostracode, la moitié d'un statoblaste de Plumatelle, une dépouille d'Acarien et divers autres corps dont l'étude se poursuit actuellement.

Les plumes grasses et serrées des Palmipèdes paraissent moins favorables au transport que les pattes et le bec. C'est cependant sur elles qu'Aloïs Humbert a trouvé des œufs d'hiver de Crustacés cladocères ([1]).

En ce qui concerne les statoblastes, j'ai constaté qu'ils adhéraient assez fortement aux plumes, bien que ne paraissant pas s'y fixer tout d'abord avec facilité. Voici à ce sujet une expérience :

Une baguette de 30^{cm} de longueur est garnie aux deux tiers des plumes du ventre et des flancs d'un Canard sauvage. Je la promène à la surface d'un aquarium où flottent des milliers de statoblastes de *Plumatella repens*. Un certain nombre de ces corps s'étant attachés aux plumes, je porte l'appareil dans un bocal cylindrique, de diamètre convenable pour que les plumes restent à une distance de $0^{m},03$ des parois. Le vase étant fortement maintenu, j'imprime à la baguette appuyée sur le fond un mouvement de rotation aussi vif que possible en tournant entre les mains pendant quelques secondes l'extrémité du bâton dépourvue de plumes. Très peu de statoblastes

---

([1]) Forel, *Matériaux pour servir à l'étude de la faune profonde du lac Léman*; 3e série, XXXII, *Faune pélagique*. (Bull. Soc. vaudoise Sc. nat., vol. XIV, 1876, p. 221).

se détachent. On les retrouve çà et là sur le bocal, au milieu d'un fort grand nombre de gouttelettes d'eau.

La manœuvre exécutée a donc eu pour résultat principal de sécher les plumes. Or les statoblastes sortis de l'eau se collent rapidement sur celles-ci et y adhèrent bientôt assez fortement pour qu'un courant d'air intense ne puisse les en détacher. Pour y réussir, il faut de nouveau mouiller les plumes. C'est précisément ce qui se produira lorsque l'Oiseau, arrivé au terme de son voyage, viendra se poser sur un étang ou sur un lac.

Dans le cas présent, le trajet s'effectuant d'une seule traite, du continent européen ou des Iles Britanniques aux Açores, la plupart des objets enlevés ont chance de parvenir jusque dans l'archipel, même en supposant qu'il pleuve. Les organismes transportés se trouveront surtout fixés à la région sternale ou à la face supérieure des pattes; or, pendant le vol, ces parties sont constamment tournées vers le bas, et le corps même de l'Oiseau suffit en général à les protéger contre de violentes averses.

C'est en nageant au milieu des nappes d'eau ou en pataugeant sur leurs bords que les Palmipèdes en particulier enlèvent toutes sortes de corpuscules. Me trouvant en bateau sur le lac d'Enghien, près de Paris, j'ai eu l'occasion d'observer un Cygne littéralement chargé de statoblastes; ceux-ci, mêlés à de la suie et à divers autres objets retrouvés d'ailleurs en abondance, comme les statoblastes eux-mêmes, dans le filet de soie promené à la surface, marquaient d'un trait noir ce que j'appellerai la *ligne de flottaison* de l'Oiseau. Le remous produit par le mouvement du Cygne avait du reste fait monter peu à peu cette sorte de bande sombre et l'avait étendue à la partie antérieure en un large plastron. Un animal sauvage s'envolant dans ces conditions, sans s'être nettoyé, sans avoir circulé parmi les roseaux, emporterait sûrement au loin nombre de statoblastes [1].

---

(1) J'ai cherché à me rendre un compte approximatif de ce que pouvait être ce nombre. En prenant pour diamètre moyen des statoblastes de *Plumatella repens*, $0^{mm},5$ (chiffre un peu exagéré), et en supposant ces corps régulièrement discoïdes, on voit qu'il faut en juxtaposer *mille* pour tracer une ligne de $0^{m},50$ de long. Or, ce que j'appelle la *ligne de flottaison* mesure près d'*un mètre* ($0^{m},96$) chez un Cygne sauvage ♂ adulte, *Cygnus immutabilis* Yarr., capturé vivant dans le marais de Roost-Warendin, près de Douai. Il est même fait abstraction dans ce chiffre de la partie postérieure du Palmipède, partie dont les corps flottants s'écartent par suite du mouvement de pro-

Sur le rivage d'un marais, les pattes largement étalées des Palmipèdes, que leur poids fait enfoncer quelque peu, forment pour ainsi dire une pelle qui se couvre de vase. Lorsque les doigts se rapprochent, celle-ci peut se trouver retenue en certaine quantité, principalement à leur angle supérieur. C'est là, en effet, que j'ai recueilli presque toutes les matières qu'il m'a été donné d'examiner.

L'observation du Cygne explique l'enlèvement des corps flottants que le vent ne saurait extraire de l'eau; elle offre une réelle importance en ce qui concerne la dispersion des types pélagiques que l'on rencontre surtout au milieu des grands lacs qui n'assèchent jamais.

D'autre part, l'adhérence du limon aux pattes des Oiseaux montre comment peuvent se trouver transportés divers organismes d'une densité supérieure à celle de l'eau et qui demeurent parfois enfouis dans la boue pendant des périodes de temps plus ou moins longues sans être jamais mis à sec, ce qui les soustrait également à l'action du vent.

Quant aux Oiseaux non résidents des Açores et qui ont pu y introduire la faune des eaux douces continentales en arrivant en droite ligne de l'Europe, leur nombre est relativement élevé. On en trouvera la liste dans le livre de Godman, où l'on voudra bien remarquer en outre un paragraphe fort important pour le sujet traité ici.

Le savant ornithologiste déclare n'avoir pas la prétention de donner le Catalogue complet des Oiseaux migrateurs de l'archipel; puis il ajoute qu'il ne se passe guère de tempête, au printemps ou à l'au-

---

gression. Les mesures sont prises seulement d'une patte à l'autre. En voici un certain nombre, prises également d'une patte à l'autre, sur quelques Palmipèdes migrateurs des plus répandus. Les exemplaires mesurés, en général de taille moyenne, ont été tués pour la plupart dans les marais du département du Nord à l'époque du passage. Ce sont des mâles adultes.

	m		m
Anas boschas L.	0,51	*Oidemia nigra* L.	0,43
Colymbus arcticus L.	0,80	*Podiceps cristatus* L.	0,55
Harelda glacialis L.	0,37	*Querquedula circia* L.	0,30
Mergus Merganser L.	0,50	*Spatula clypeata* L.	0,30

On remarquera que sur un corps promené dans l'eau où ils flottent, sur la main par exemple, les statoblastes forment très vite trois ou quatre rangs superposés. Un Oiseau peut donc en emporter des milliers; en supposant même que presque tous soient perdus, il faut bien reconnaître que ce mode de transport offre de grandes chances de réussite. Il est également possible que ces corps soient enlevés sur le dos des Oiseaux plongeurs. Darwin (*loc. cit.*, p. 412) a vu des Canards emporter ainsi des lentilles d'eau.

tomne, sans qu'une ou plusieurs espèces étrangères, et notamment des Grêbes, ne soient jetées sur les îles ([1]).

On se rappellera les observations d'Aloïs Humbert mentionnées ci-dessus et qui sont en partie relatives aux Grêbes. De plus, il n'est pas sans intérêt de noter que les saisons indiquées se trouvent être précisément les plus favorables à l'enlèvement des œufs d'hiver : le printemps, lorsque beaucoup d'entre eux ne sont pas encore éclos, l'automne lorsqu'ils apparaissent en grande quantité chez presque tous les groupes où on les rencontre.

En ce qui concerne le temps nécessaire aux Oiseaux pour arriver aux Açores, nombre de faits connus me dispensent d'insister. « L'accomplissement de ces voyages, dit Lyell, n'exige pas de leur part un grand exercice de force musculaire; ils n'ont qu'à étendre leurs ailes et à se laisser ainsi pousser à travers l'air dans la direction du vent. En supposant qu'ils avancent à raison de 64^{km} par heure, ils atteindraient les îles en vingt-quatre heures, laps de temps qui n'excède pas celui pendant lequel la plupart des Oiseaux peuvent subsister sans prendre de nourriture ([2]) ».

([1]) Godman, *loc. cit.*, p. 19.

([2]) Lyell, *Principes de Géologie*, traduction Ginestou, 1873, Vol. II, pag. 465. Le chiffre de 32^{km} à l'heure, indiqué par le traducteur, est inexact.

Voici un Tableau emprunté à Du Puy de Podio (*loc. cit.*, p. 123) et qui permettra de juger de la rapidité du vol de divers Oiseaux.

Noms des espèces.	Vitesse à l'heure.	Observations.
	km	
Martinet	130	D'après Spallanzani.
Hirondelle	125	
Pigeon	72	
Pigeon voyageur	99	Résultats de concours.
Bécassine et Vanneau	84 à 90	Résultats d'observations faites dans des circonstances atmosphériques normales, d'après la vitesse à la seconde relevée par points de repère.
Canard sauvage	66 à 72	
Grue et Cigogne	72	
Héron	60	
Mouette et Courlis	54	
Oie sauvage	48	
Corbeau	42	
Martin pêcheur	30 à 36	
Geai et Pic Vert	Id.	

La vitesse du vol de l'Hirondelle a été déterminée plusieurs fois d'une manière assez rigoureuse par des résultats d'épreuves directes :

« Ce fut ainsi que, dans un lâcher de concours de Pigeons voyageurs fait à Creil (Oise), le convoyeur d'une Société colombophile d'une ville du Nord lâcha une Hirondelle qu'il avait soigneusement emportée avec lui et qui nichait sous la corniche du

Les vents variables, signalés précédemment comme un obstacle au transport régulier des matières qui restent longtemps suspendues dans l'atmosphère, n'empêchent en aucune façon l'arrivée de nombreux Oiseaux dans l'archipel. Qu'une tempête, même très courte, vienne à souffler dans une direction convenable et l'on pourra constater la présence aux Açores de volatiles entraînés.

Jetés sur les îles, les Oiseaux aquatiques s'efforceront de gagner immédiatement les eaux douces où se trouveront déposés presque aussitôt les organismes apportés du continent, très vite et sans arrêt. L'empressement que manifestent les Échassiers et les Palmipèdes à rechercher les étangs ou les lacs en favorise donc le peuplement en même temps qu'il assure la conservation des êtres transportés. Il est évident que dans ce cas encore les courants atmosphériques agissent d'une manière moins efficace que les Oiseaux, le dépôt des germes flottant dans les airs étant absolument soumis au hasard.

On trouvera peut-être que les considérations précédentes indiquent une tendance à restreindre par trop l'action du vent. Je me suis expliqué déjà sur ce point, et, s'il semble que le rôle des Oiseaux soit exagéré ici, c'est que j'ai tenu à le mettre surtout en évidence, les zoologistes m'ayant paru le négliger un peu. Je crois que les Açores ont reçu et reçoivent encore par cette voie beaucoup d'animaux aquatiques, tandis que les courants aériens y introduisent plutôt des Microphytes ou, d'une manière plus générale, des organismes extrêmement petits. Le vent facilite en outre, et c'est là qu'éclate à mon avis sa grande puissance disséminatrice, l'arrivée dans le pays de types d'organisation élevée, mais actifs, tels que les Insectes [1] et

---

toit d'un colombier dont les Pigeons étaient engagés dans le concours; bien que le lâcher fût opéré par un vent du nord assez violent, l'Hirondelle, lâchée en même temps que les Pigeons, rentra à son nid une heure et demie avant l'arrivée des premiers voyageurs au colombier. Elle avait ainsi obtenu une avance d'une heure et demie sur un parcours de 242^{km}. Or, comme ce jour-là les Pigeons avaient mis un peu plus de trois heures et demie pour faire le même trajet, l'Hirondelle avait donc franchi ces 242^{km} en deux heures environ, soit 121^{km} à l'heure, vitesse qui se rapproche encore beaucoup des résultats fournis par Spallanzani... » (Du Puy de Podio, *loc. cit.*, p. 122).

(1) Des bandes de Sauterelles, *Ædipoda migratoria* Lin., venues d'Afrique, ont été signalées à Santa Maria (Drouet, *Élém. faune açor.*, p. 201) et à Terceira (Fouqué, *Voyages géol.*, etc. Revue des Deux-Mondes, 1er janvier 1873, p. 54).

Je ne connais qu'un cas authentique de pluie de poussière cité aux Açores.

« Le phénomène, dit M. Fournet, a commencé à la Guyane, il s'est étendu à New-

les Oiseaux. D'où il résulte qu'en regardant ces derniers comme de simples véhicules, la prépondérance reste en définitive aux courants atmosphériques. Quoi qu'il en soit, le peuplement des eaux douces de l'archipel paraît s'être accompli rapidement, bien que dans des conditions parfois difficiles; certaines données historiques permettent d'en juger.

On connaît, circonstance heureuse, la date à peu près exacte de la formation des lacs açoréens ([1]). Tous sont postérieurs aux grands bouleversements volcaniques, puisqu'ils occupent justement le fond des cratères. Sans doute les eaux pluviales avaient pu s'accumuler auparavant dans quelques dépressions où un certain nombre d'animaux s'étaient peut-être introduits; mais il est vraisemblable que ces eaux ont été plus ou moins troublées et leur faune détruite par divers phénomènes. La chose paraît extrêmement probable quand on songe que des nuages de cendre ont maintes fois couvert les îles. Ainsi, par exemple, il semble bien difficile qu'aucune eau stagnante ait pu se retrouver à Fayal, même dans la caldeira, après l'éruption de Capello, en 1672, éruption à la suite de laquelle les récoltes furent ensevelies sous une épaisse couche de sable rouge et complètement perdues ([2]). Tout au plus pourrait-on admettre que quelques petites mares aient subsisté à l'abri d'épais fourrés. Tel

---

York; de là, on le retrouve aux *Açores*, puis sur la France centrale et orientale, et il s'efface graduellement en Italie ». (Lewy, *Sur la pluie terreuse tombée dans la partie sud-est de la France, pendant les grands orages des* 16 *et* 17 *octobre* 1846. Compt. rend. Acad. Sc., 5 mai 1847.)

Voici enfin un fait de simple curiosité, étant donnée sa cause tout à fait exceptionnelle : « ... La cendre de l'incendie de la ville de Chicago est arrivée aux Açores, le quatrième jour après le commencement de la catastrophe (M. Fouqué, à qui je dois cette Communication, a vu cette cendre, qui avait été recueillie à Fayal par le consul américain, M. Dabney). En même temps, on avait senti une odeur empyreumatique qui avait fait dire aux Açoriens que quelque grande forêt brûlait probablement sur le continent africain. » (Daubrée, *Chute de poussière observée sur une partie de la Suède et de la Norvège*, etc. Compt. rend. Acad. Sc., 19 avril 1875). Je ferai remarquer que les cendres ont dû monter très haut dans l'atmosphère avec les gaz surchauffés, absolument comme dans les éruptions volcaniques. *Voir* ci-dessus, p. 81.

([1]) *Voir* le Tableau de la page 11.

([2]) Hartung, *loc. cit.*, p. 106, d'après les documents conservés aux archives de la *Camara municipal* de Horta.

Le fait suivant donnera l'idée des masses de matières que peut rejeter un volcan et du trouble que doit apporter leur chute dans l'existence d'une faune entière : « La baie de Lampoung, dans le détroit de la Sonde, fut fermée en quelques heures par une barre flottante de pierre ponce, longue de 30km peut-être sur une largeur qu'on évalue à plus

n'a pas été le cas bien certainement à San Jorge sur le trajet des terribles *nuées ardentes* (¹).

Quoi qu'il en soit, à part peut-être celles des îles de Santa Maria, Graciosa, Florès et Corvo, où aucun phénomène volcanique ne paraît s'être produit à une époque récente (bien qu'elles aient dû subir également des chutes de cendres), les eaux des Açores, qui semblent se trouver, depuis le plus longtemps, dans des conditions à peu près normales, sont celles de Sete Cidades (²).

Les documents relatifs à cette localité offrent un grand intérêt en ce qui concerne la question de l'ancienneté de la faune. Les premiers navigateurs rapportent qu'au début de l'année 1444 l'emplacement de la caldeira était occupé par une montagne. Elle s'effon-

---

de 1^{km} et à une profondeur de 4^m à 5^m; elle s'enfonce de 3^m à 4^m sous l'eau et émerge de 1^m environ; ces chiffres donnent 150000000^{m^3} de projectiles. [DAUBRÉE, *Phénomènes volcaniques du détroit de la Sonde* (26 et 27 août 1883): *examen minéralogique des cendres recueillies*. Compt. rend. Acad. Sc., p. 1101; 19 novembre 1883.]

(¹) FOUQUÉ, *San Jorge et ses éruptions* (Rev. Scientif., p. 1199 et 1200; 21 juin 1873). « Un des phénomènes les plus singuliers de cette grande éruption (1580) est ce que les témoins contemporains ont appelé des *nuées ardentes*. D'après la description qu'ils nous ont laissée, ces nuées jaillissaient du sol sous forme de globes de flammes mêlées de fumées caustiques; elles se mouvaient avec une telle vitesse vers le pied du coteau qu'il était impossible de se soustraire par la fuite à leur contact mortel. On rapporte que l'une de ces nuées atteignit un groupe de dix personnes qui emportaient leurs bagages et leurs meubles; en un instant, le chariot fut réduit en cendres avec les bœufs de l'attelage et les personnes qui l'escortaient. Cinq autres individus furent consumés de la même façon à des distances assez grandes les unes des autres. Le nombre des têtes de bétail qui périrent est évalué à 4000. »

Au cours d'une autre éruption, le 17 mai 1808, apparurent encore des nuées semblables. « Ces nuées sont chargées d'une poussière humide; elles descendent le long du versant et rampent à la surface du terrain. A ce contact empoisonné, les plantes se flétrissent et meurent instantanément. Elles arrivent jusqu'au bord de la mer où elles font périr une trentaine de personnes et continuent leur course au-dessus des eaux. »

L'histoire de l'archipel, jusque dans les temps modernes, est pleine d'incidents fâcheux pour la conservation des êtres vivants. Ainsi, pendant l'éruption du mois de septembre 1630, le feu détruisit les bois du val de Furnas, et *cent quatre-vingt-onze* personnes périrent. L'île San Miguel fut couverte de cendres dont les monceaux s'élevèrent, en beaucoup d'endroits, jusqu'à 30 palmes (HARTUNG, *loc. cit.*, p. 104).

L'homme lui-même, en déboisant le pays, a contribué, dans une certaine mesure, à modifier les conditions d'existence des animaux. On ne peut douter que toutes ces circonstances réunies n'aient eu quelque influence sur la faune terrestre, autant peut-être que les plantations nouvelles, dont le rôle pour l'introduction d'espèces étrangères est considérable.

(²) A la fin de l'année 1713, l'extrémité occidentale de l'île San Miguel paraît avoir eu encore beaucoup à souffrir des tremblements de terre. De l'une des cimes de la caldeira de Sete Cidades, descendit un torrent fangeux. (DROUET, *Élém. faune açor.*, p. 41.)

dra durant une violente éruption que des documents dignes de foi placent entre le 8 mai et le 29 septembre 1444 (¹).

Alors seulement commencèrent à se rassembler dans les fonds les eaux pluviales qui devaient y former les lacs (²). Quelle fut, à l'origine, la composition de ces eaux où se dissolvaient, à coup sûr, toutes sortes de matières? Le professeur Fouqué le donne à penser dans l'un de ses travaux précédemment cités : « En somme, l'analyse chimique révèle, dans toutes les eaux de l'île San Miguel, l'existence originaire, mais en proportions très diverses, *des mêmes composés salins, composés identiques à ceux que l'on recueille lorsque l'on condense les fumées d'un volcan en activité ou qu'on lessive des laves refroidies et aussi la présence des gaz volcaniques les plus communs*. Les eaux douces de l'île sont constituées qualitativement de la même manière; les proportions quantitatives moindres des mêmes éléments constituent la principale différence entre elles et les eaux thermales (³). »

Le milieu n'était guère favorable au maintien de la vie, et beaucoup d'organismes y périrent sans doute avant que les conditions d'existence se fussent suffisamment rapprochées de l'état normal. Il convient toutefois de faire, à ce propos, une importante remarque; tous les animaux aquatiques des Açores appartiennent à des types parmi lesquels on trouve de nombreux exemples de résistance aux températures extrêmes et d'adaptation à des eaux chargées de matières diverses (⁴). Il est incontestable que ces circonstances ont

(¹) Drouet. *loc. cit.*, p. 37 et note (1). Hartung (*loc. cit.*, p. 99) ne pense pas que l'éruption dont il s'agit ait pu donner naissance, aussi rapidement, au vaste cratère de Sete Cidades.

(²) Les eaux ont pu s'amasser assez rapidement. Il pleut en effet souvent et beaucoup aux Açores. La quantité d'eau tombée atteint 1^m, 515 en une année. *Voir* la note (1), p. 84.

(³) Fouqué, *Résultats généraux de l'analyse*, etc. Compt. rend. Ac. Sc., 2 juin 1873.

(⁴) *Voir* ci-dessus, p. 21, la note (2) relative à la faune des eaux thermominérales. Le nombre des faits qu'il serait intéressant de citer à l'appui de cette assertion est tellement considérable que je dois me borner à en mentionner quelques-uns.

On connait, dans les eaux salées sursaturées, divers animaux appartenant aux groupes envisagés ici. C'est dans un milieu semblable, à El-Kab, en Égypte, que *Hexarthra polyptera*, probablement identique au *Pedalion mirum*, a été découvert par le professeur Schmarda. Les *Pachydrilus* sont depuis longtemps signalés dans les salines de Kreuznach et de Kissingen et beaucoup d'Oligochètes marins appartiennent du reste à des types largement répandus sur le sol ou dans l'eau douce (Frey et Leuckart, Claparède, E. Perrier, etc.).

Les Hirudinées s'adaptent à la vie terrestre et se rencontrent également dans les

influé, à l'origine, sur le peuplement des eaux. De même, celui-ci a dû être facilité par ce fait que, chez plusieurs des formes introduites,

---

eaux douces ou salées; le professeur Verrill a même décrit une espèce (*Cystobranchus viridus*) qui s'accommode indifféremment des unes ou des autres. (Verrill, *Synopsis of the North american fresh water Leeches*, U. S. Fish comm. Report of the comm. for 1871-1873, p. 685).

Divers faits analogues sont connus chez les Turbellariés. Von Graff a découvert *Derostoma salinarum* (*loc. cit.*, p. 369) et *Cystomorpha subtilis* (*ibid.*, p. 225), dans les salines de Capo d'Istria près de Trieste. Le même auteur signale la présence de *Macrostoma hystrix, Microstoma lineare* et *Gyrator hermaphroditicus* dans les eaux douces et salées. Les genres auxquels appartiennent ces espèces sont d'ailleurs, comme on pouvait s'y attendre, les plus largement répartis que l'on connaisse (1882) (Von Graff, *loc. cit.*, p. 191).

Les Rhabdocèles supportent le froid d'une manière remarquable; von Graff a pêché en plein hiver et sous la glace *Stenostoma leucops* et *Microstoma lineare*. Le bourgeonnement des *Microstomidæ* se continue même pendant la mauvaise saison (*loc. cit.*, p. 179).

Au point de vue de la résistance des organismes au froid, la faune des neiges est intéressante à étudier; là encore, se retrouvent les Rotifères (Ehrenberg), les Tardigrades (Carl Vogt) et les Nématoïdes (C. Aurivillius), ces derniers recueillis au Spitzberg. Quant aux Entomostracés, beaucoup paraissent supporter les températures extrêmes avec non moins d'aisance que les changements survenus dans la salure des eaux. Dans mon Travail déjà cité *Sur les genres* Ectinosoma *Boeck et* Podon *Lilljeborg*, etc., j'ai donné quelques renseignements à ce sujet et j'ai particulièrement insisté sur l'importance des documents fournis par la Géographie zoologique. Voici, à ce propos, un fait curieux rapporté par le professeur Nordenskiöld :

« Pendant notre hivernage à la Mosselbay (Spitzberg) en 1872-1873, nous avons observé la présence de millions de petits Crustacés dans une neige imprégnée d'eau, dont la température variait de — 2° à — 10°,2 C. »

Ces animaux produisaient une phosphorescence des plus vives. « ... Très singulière est l'impression que l'on éprouve en marchant, par une journée sombre et froide de l'hiver (la température était, à ce moment, voisine du point de congélation du mercure), sur de la neige d'où jaillissent de toutes parts, à chaque pas, des éclairs si intenses que parfois on craint presque de voir prendre feu ses chaussures et ses vêtements.

» En étudiant attentivement ce phénomène, nous reconnûmes que cette lueur était produite par un petit Crustacé de l'espèce *Metridia armata* A. Boeck, d'après la détermination du professeur W. Lilljeborg. La neige, mélangée d'eau de mer, à une température notablement inférieure à 0°, semble être son élément; mais le thermomètre descend-il au-dessous de — 10°, ces petits animaux cessent d'émettre de la lumière. Lorsque la surface de la neige voisine du rivage, dans laquelle vivent ces petits animaux, a été, pendant l'hiver, refroidie souvent jusqu'à une température de plusieurs dizaines de degrés au-dessous de zéro, très vraisemblablement ces Crustacés peuvent supporter quelque temps sans souffrir un froid de — 20° à — 30°. Cette observation est très curieuse, car très certainement leur organisme ne contient aucune fonction pour élever la température intérieure de leur corps au-dessus de celle du milieu environnant ». Nordenskiöld, *Voyage de la* Vega *autour de l'Asie et de l'Europe* (Trad. C. Rabot et C. Lallemand, vol. II, 1885, p. 58). *Metridia armata*

les générations se succèdent avec une très grande rapidité, produisant constamment une multitude de jeunes beaucoup plus plastiques que les adultes ([1]).

se trouve ailleurs dans les eaux salées et tempérées de l'Atlantique; je l'ai reconnu dans l'estomac de Sardines prises à Concarneau.

D'autre part, plusieurs naturalistes (Costa, L. Soubeiran, Pavesi, N. Joly) signalent des Copépodes et des Ostracodes dans des eaux thermominérales de composition et de température diverses.

Les œufs de la plupart des types dont il s'agit sont peut-être encore plus résistants que les animaux adultes. Ainsi, les œufs des Daphnies ne sont pas digérés par les Hydres et sortent vivants de l'organisme maternel abandonné comme résidu. Une Daphnie, tuée par l'alcool absolu et replacée dans l'eau ne tarde pas à se décomposer tandis que ses œufs, nullement atteints, se développent régulièrement (M. Nussbaum, *Ueber die Lebenszähigkeit eingekapselter Organismen*. Zool. Anz., 1887, p. 173).

Hallez a vu des œufs de Nématoïdes continuer leur évolution dans l'acide osmique à 1 pour 100 (*loc. cit.* p. 15).

([1]) Les observations très intéressantes dues à Paul Bert doivent être rappelées ici :

» Quand l'eau douce où vivent les Daphnies est arrivée, en quelques jours, à un degré de salure correspondant environ au tiers de celui de l'eau de mer, elles meurent toutes assez rapidement; mais, quelques jours plus tard, on voit reparaître des Daphnies nouvelles qui proviennent des œufs de celles qui sont mortes. Il y a ainsi acclimatation, non dans l'individu, mais dans l'espèce. Ces Daphnies diffèrent notablement par la taille de celles qui les ont précédées; mais l'examen microscopique n'a fait reconnaître aucune modification appréciable dans leur structure. »

» ... Les Infusoires [Paramécies, Kolpodes, Vorticelles, Diatomées (*sic*)] de l'eau douce et les Conferves résistent parfaitement à un degré de salure qui tue les Poissons et les Crustacés. Il en est de même des Notonectes, des Arachnides aquatiques et, à un moindre degré, des larves de Cousins et de Chironomes. ». Paul Bert, *Sur la cause de la mort des animaux d'eau douce qu'on plonge dans l'eau de mer et réciproquement* (Compt. rend. Acad. Sc., 16 juillet 1883).

On remarquera que tous les types cités dans le second paragraphe figurent précisément dans la faune des Açores. Malheureusement, comme c'est le cas ordinaire pour les Travaux physiologiques, les animaux mis en expérience ne sont pas déterminés avec précision.

L'extrême fécondité des Cladocères est depuis longtemps connue, grâce aux calculs de Ramdohr. Les évaluations très modérées de ce naturaliste montrent qu'une Daphnie, commençant à produire des œufs le 1er mai, pourrait avoir, dès la fin de juin, 1 291 370 075 descendants. Ceux-ci, à leur tour, deux ou trois jours après leur naissance, commencent à se multiplier dans les mêmes proportions. Qu'on juge maintenant de la facilité avec laquelle des êtres ainsi doués arriveront à peupler des eaux où ils ne rencontreront pas tout d'abord d'ennemis et où la concurrence vitale sera longtemps presque nulle.

Les Rotifères se multiplient aussi très rapidement. D'après Plate, la durée de l'existence des femelles d'*Hydatina* serait de quatorze jours environ. Les mâles peuvent être gardés trois jours au maximum. Les deux sexes atteignent leur taille définitive le troisième jour. C'est également alors qu'est déposé le premier œuf, lequel sera suivi d'une foule d'autres, produits sans interruption jusqu'à la mort, à condition toutefois que la nourriture soit abondante. Plate, *loc. cit.*, p. 112. *Voir*, à la page 65, le titre complet de ce travail.

Enfin, il n'est pas inutile d'ajouter qu'au point de vue de l'acclimation les organismes transportés dans l'archipel ont été favorisés dans la lutte pour l'existence, surtout au début, par l'absence ou la rareté des concurrents ([1]).

Les considérations précédentes, conformes à la plupart des faits observés, ne permettent pas de douter de l'origine continentale et relativement très récente de la faune des eaux douces. Sont-elles également applicables à la faune terrestre?

Sauf la question de temps, je n'hésite pas à répondre affirmativement et j'estime que, malgré toutes les objections qu'elle comporte, cette manière de voir se rapproche beaucoup de la vérité.

Elle est assurément préférable à l'hypothèse qui consiste à regarder les Açores comme un centre de création, création bien pauvre à coup sûr et totalement dépourvue d'originalité, puisqu'elle se distingue en définitive par l'unique genre *Plutonia* Stab., formé de l'unique espèce *P. atlantica* Mor. et Dr., ayant pour unique station un point limité de la seule île San Miguel ([2]).

Vaut-il mieux considérer l'archipel comme le reste d'un vaste continent abîmé dans les profondeurs de l'Océan et qui se trouvait autrefois réuni à l'Europe, voire même à l'Amérique? Les données purement littéraires sur lesquelles repose la théorie de l'Atlantide ([3]) ne sauraient prévaloir contre les faits d'ordre scientifique.

([1]) Darwin a fait, au sujet de l'introduction des plantes, dans les îles, une remarque semblable : « Sur un terrain presque nu, occupé par peu ou point d'Insectes ou d'Oiseaux destructeurs, presque toute graine arrivée, adaptée au climat, a des chances de pouvoir germer et survivre ». (*Loc. cit.*, p. 393.)

([2]) *Plutonia* (*Viquesnelia*) *atlantica* ne se rencontre ni dans les jardins de Ponta Delgada, ni à Furnas, ainsi que l'indiquent Morelet et Drouet. On ne trouve ce Mollusque qu'aux environs du Pico de Carvão, non loin des bords du cratère de Sete Cidades. (Arruda Furtado, Viquesnelia atlantica *Morelet et Drouet,* Jorn. de Sc. Math. phys. e naturaes, vol. VIII, Lisbonne, mars 1882).

Au moment de donner le bon à tirer, j'apprends, par un récit de voyage, qu'en septembre 1886 le Dr H. Simroth a trouvé le *Plutonia* sur les cimes de la caldeira de Fayal (H. Simroth, *Eine Azorenfahrt von Insel nach Insel* Globus, vol. LII, p. 315; 1887).

([3]) Gaffarel, *L'Atlantide,* Rev. de Géogr., vol. VII et VIII, numéros d'avril et de juin 1880. Ce travail renferme, sur l'origine des Sargasses, certaines considérations qui seront peu goûtées des naturalistes. Il est accompagné d'une carte indiquant un grand nombre de bas-fonds hypothétiques signalés par les navigateurs et qu'on ne peut retrouver.

Les littérateurs sont, du reste, très loin de s'entendre sur la position géographique qu'aurait occupée l'Atlantide. Tous ne la placent pas dans l'Océan. Ainsi, pour M. E.

Or la Géologie démontre qu'une terre semblable n'a pu exister qu'à une époque très reculée et probablement bien antérieure à la formation des Açores ([1]).

Il convient donc de voir simplement dans ces îles ce qu'elles paraissent être en réalité, des cimes de volcans émergés à l'époque tertiaire, îles géologiquement récentes, mais vieilles cependant d'un très grand nombre de siècles.

Cette ancienneté, dont il n'y a guère lieu de tenir compte en ce qui concerne la faune aquatique troublée, comme on l'a vu, par les feux souterrains et susceptible, d'ailleurs, d'être rapidement transportée, doit être regardée comme très importante pour l'introduction progressive des plantes, puis pour celles des animaux. Les êtres ailés et le vent ont pu agir durant de longues périodes, et il est vraisemblable que les courants, dont la direction actuelle s'oppose à tout transport de l'Europe aux Açores, a subi de notables changements ([2]). La présence de roches erratiques en quelques points du rivage de Terceira et de Santa Maria fournit un bon argument à l'appui de cette opinion, et permet, en outre, de penser que divers organismes sont arrivés dans l'archipel sur les glaces flottantes ([3]).

Je n'ai pas l'intention d'examiner ici quel a pu être, relativement à chaque classe d'animaux terrestres, le rôle des différents modes de dispersion dont Lyell et Darwin ont fait une si magistrale étude. Mais il n'est pas sans intérêt de remarquer que les Mollusques, dont

---

Berlioux, le pays des Atlantes se trouvait sur la côte du Maroc, à peu près en face des Canaries (E. Berlioux, *Les Atlantes, histoire de l'Atlantis et de l'Atlas primitif*. Annuaire Fac. Lett.: Lyon, 1883).

([1]) Fouqué. *Voyages géol.*, etc. Rev. d. Deux-Mondes, 15 avril 1873, p. 855 et suiv.

([2]) L'étude de la distribution géographique des Mollusques marins dans le nord de l'Europe et de l'Amérique montre de la manière la plus nette que la direction des courants a changé, du moins en ces parages, à une époque relativement récente. On constate l'existence en Norvège, au sud du cercle polaire, d'une série d'espèces arctiques; en Amérique, au contraire, un certain nombre de formes boréales continuent à vivre bien au-dessus de la limite qu'atteignent les types de la zone glaciale. De part et d'autre, on se trouve en présence des restes d'une faune presque entièrement disparue. Elle n'a subsisté que dans les fjords et les golfes fermés où les eaux, plus chaudes ou plus froides que par le passé, ne peuvent pénétrer largement (G.-O. Sars, *Nogle Bemaerkninger om den marine Faunas Character ved Norges nordlige Kyster*. Tromsö Museums Arshefter, II; 1879).

([3]) Hartung, *loc. cit.*, p. 291. Un léger soulèvement a dû avoir lieu pour amener ces roches à la hauteur qu'elles occupent. J'ajouterai que le littoral des Açores, du moins dans son état actuel, n'est pas des plus favorables aux échouements. Les plages y sont effectivement très rares.

la dissémination passe pour être assez difficile ([1]), renferment précisément le plus grand nombre des formes propres au pays. Cette particularité semble pouvoir s'expliquer par la réunion de deux circonstances : rareté du transport, variation rapide de l'être introduit dans un milieu nouveau. Il doit en résulter une prompte différenciation; les caractères modifiés par suite du changement des conditions d'existence tendent à se fixer très vite par hérédité, et l'influence de la sélection est d'autant plus forte que l'espèce reste soumise à l'isolement.

Aussi ne voit-on rien de semblable chez la plupart des représentants de la faune d'eau douce, où les types se maintiennent, grâce à l'apport fréquent de congénères étrangers.

Le cas particulier de *Pisidium Dabneyi* semble, au premier abord, contredire cette hypothèse; il est cependant facile d'y trouver un nouvel argument en sa faveur. Ce Lamellibranche, le seul connu aux Açores, et qui paraît jusqu'ici leur être spécial, appartient justement à la catégorie des organismes dont le transport est considéré comme très hasardeux ([2]); il s'écarte, à cet égard, des autres ani-

---

([1]) On doit à Gaskoin la connaissance d'un fait remarquable qui montre comment un seul individu peut, à la rigueur, suffire pour l'introduction d'une espèce. Un *Helix lactea*, acquis, en avril 1849, d'un marchand qui l'avait gardé pendant deux ans dans un tiroir exposé à la sécheresse, pondit, en octobre 1849, *trente* petites Hélices qui se développèrent rapidement (Gaskoin, *On the habits of* Helix lactea, Proc. Zool. Soc. Lond., vol. XVIII, p. 243; 1850). Le même auteur rapporte que trois *Helix undata* faisant partie d'un lot de coquilles de Madère, envoyé à Londres, pondirent, après leur arrivée, plus de 200 œufs en quarante heures.

([2]) Il importe toutefois de ne pas exagérer les difficultés de ce transport; on connaît, en effet, plusieurs cas de Lamellibranches fluviatiles ayant longtemps vécu hors de l'eau.

« En décembre 1874, Deshayes, en déballant un envoi d'Anodontes recueillies huit mois auparavant par les naturalistes de l'Expédition française au Cambodge, trouva deux individus encore vivants dans leur enveloppe de papier. Il a donné à cette espèce le nom d'*Anodonta sempervivens*. » Fischer, *Manuel de Conchyliologie*, p. 103.

Un autre fait du même genre, relatif à un *Unio* d'Australie, est rapporté par Gaskoin (*loc. cit.*, p. 244).

Dans les dernières années de sa vie, Darwin a publié quelques observations très intéressantes au sujet du transport lointain des Bivalves. L'une d'elles a trait à un Palmipède (*Querquedula discors*) tué au vol et qui portait à la patte un *Unio complanatus* parfaitement vivant; le Mollusque s'était refermé sur l'un des doigts de l'Oiseau et y adhérait avec force (*Transplantation of Shells*, Nature, 30 mai 1878, p. 120). Un *Cyclas cornea* fut trouvé fixé de la même manière au tarse d'un *Dytiscus marginalis* ♀ (*On the dispersal of freshwater Bivalves*, *ibid.*, 6 avril 1882, p. 529). Les Batraciens et

maux aquatiques rencontrés dans le pays pour se rapprocher plutôt des Mollusques terrestres. Or il arrive que l'espèce est précisément nouvelle. Pourquoi ne pas admettre que, importés accidentellement aux Açores, quelques spécimens d'un *Pisidium*, peut-être connu ailleurs, y aient donné naissance, dans les conditions définies ci-dessus, à une forme qu'il faut maintenant, en l'absence du type ancestral, regarder comme inédite?

L'examen critique des Mollusques terrestres de l'archipel fournit, du reste, plusieurs faits de nature à confirmer cette supposition. J'en citerai quelques-uns empruntés à Morelet. Voici, par exemple, le genre *Bulimus*; c'est peut-être le plus remarquable de la faune; il compte, aux Açores, neuf espèces, dont six sont regardées comme tout à fait particulières. Or l'étude attentive de ces espèces montre que la plupart présentent une série de variétés très difficiles à rapporter aux types. C'est ainsi qu'à un moment donné *B. vulgaris* Mor. et Dr. semble se confondre plus ou moins avec d'autres formes, avec *B. pruninus* Gould, par exemple (¹); dans ce cas, Morelet cherche à

---

les Écrevisses peuvent servir également de véhicules aux Lamellibranches dans des circonstances semblables; mais je n'envisage ici que le transport à grande distance.

Cypris Moniezi et *Asplanchna Imhofi*, ci-dessus décrits, ne donnent pas lieu aux mêmes considérations que *Pisidium Dabneyi*. Ces deux espèces aquatiques nouvelles appartiennent en effet à des groupes de facile dissémination. Je rappellerai que W. Baird a pu étudier à loisir un Ostracode inédit (*Candona Urbani*) dont les œufs, apportés du Cap dans de la boue desséchée, se développèrent à Londres [W. Baird, *Description of some new species of Entomostraceous crustacea*, Ann. Mag. nat. hist. (3), Vol. X, p. 2: 1862]. *Voir* également G.-O. Sars, *loc. cit.*, p. 5.

(¹) « C'est ici l'occasion de mentionner une coquille qui, par sa forme transitoire, participe à la fois du *Bulimus vulgaris* et du *pruninus*, à tel point qu'il m'a été impossible de lui assigner une place dans la série des espèces açoréennes. On la trouve dans l'île San Miguel, sur la pente des montagnes qui, de Villafranca, s'élèvent à la *Lagoa do Congro*.

» Chez certains individus, les traits du *B. pruninus* prédominent; le test devient solide, le péristome calleux, la suture blanchâtre, et la coquille, légèrement ventrue, prend une teinte plus ou moins violacée; elle conserve d'ailleurs la taille habituelle du *vulgaris*; mais les mêmes caractères, en s'affaiblissant graduellement, finissent par se confondre chez d'autres spécimens, d'une manière tellement intime avec ceux de l'espèce voisine, qu'il n'est plus possible d'assigner à chacune d'elles ses limites. On voit alors des Bulimes, dont la grandeur excède à peine 12^{mm}, à test mince, presque transparent, à péristome plus ou moins épaissi, qui reproduisent tantôt la forme du *vulgaris*, et tantôt celle du *pruninus*, en conservant, le plus ordinairement, la couleur violacée particulière à ce dernier. » (Morelet, *loc. cit.*, p. 186). *Voir* également le passage relatif aux variétés de *B. pruninus*, et à l'identification avec cette espèce de *B. tremulans* Mousson (*Ibid.*, p. 181-184).

expliquer par l'hybridation l'origine de la variété *indéterminable*. Mais on ne peut invoquer les mêmes circonstances pour *B. Hartungi* Mor. et Dr., dont certaines formes intermédiaires « se rapprochent beaucoup du *vulgaris*, et dont la classification est assez délicate » ([1]). Enfin, *B. delibutus* Mor. et Dr. offre également parfois la plus grande analogie avec *B. vulgaris*. Morelet s'efforce d'indiquer les différences, puis il ajoute : « On ne peut se dissimuler néanmoins qu'à une certaine limite les deux espèces deviennent tellement voisines qu'il faut un coup d'œil exercé pour les distinguer l'une de l'autre ([2]) ».

On comprendra maintenant les réserves précédemment énoncées au sujet du caractère propre de la faune malacologique de l'archipel.

Godman ([3]) a, d'ailleurs, fait observer déjà que les conchyliologistes ont coutume de multiplier beaucoup les espèces, que celles-ci sont établies d'après les coquilles seules et qu'il convient d'être très circonspect dans les déductions basées sur leur étude. D'autre part, suivant le Rév. Tristram ([4]), il est certain que, sur les *trente-deux* formes regardées comme spéciales aux Açores, *vingt-sept* se rapprochent très sensiblement des types européens. Cela fait penser aussitôt à des différenciations possibles à la suite de transports anciens, et il faut bien reconnaître que l'extrême variabilité des Bulimes dont il vient d'être question ne paraît guère de nature à diminuer la valeur de cette hypothèse.

Croit-on que tous ces Mollusques, brusquement dépaysés aujourd'hui, introduits dans un milieu différent, cessant d'être isolés, placés sur un terrain calcaire, dans un climat plus sec, autrement nourris d'ailleurs, ne se modifieraient pas ([5])?

([1]) MORELET, *loc. cit.*, p. 189.

([2]) MORELET, *loc. cit.*, p. 191.

([3]) GODMAN, *loc. cit.*, p. 343.

([4]) *In* GODMAN, *loc. cit.*, p. 107.

([5]) Il y aurait à entreprendre à ce sujet quelques expériences. Les Mollusques des Açores ne sont pas aussi délicats que la minceur de leur test pourrait le faire croire; on réussirait, sans aucun doute, à les transporter vivants à de grandes distances. C'est ainsi que j'ai observé, à Paris, plus de deux mois après l'avoir recueilli à Sete Citades, un *Helix azorica* très actif, bien qu'il n'eût pris depuis longtemps aucune nourriture. Cette Hélice, que l'on trouve à San Miguel et à Santa Maria, présente, dans la dernière de ces îles, une variété plus solide et à peine transparente, que certains conchyliologistes n'hésiteraient pas à décrire comme une espèce distincte. (*Voir* MORELET, *loc. cit.*, p. 155, et *Pl. II, fig.* 2). Le spécimen dont il s'agit, et qui présente un test corné, a

Je suis d'autant moins disposé à l'admettre que, sous l'influence de ces causes multiples, réunies ou non, les caractères primitifs des espèces ne semblent pas se conserver alors même que le changement d'habitat se produit dans le pays. L'*Orchestia Chevreuxi* décrit ci-dessus est très intéressant à cet égard. Je n'ai pu faire de recherches suivies sur les côtes de Fayal et j'ignore si l'on y trouve des *Orchestia*. Mais cela est fort probable et il ne paraît guère possible de douter que le Crustacé découvert dans la caldeira ne soit venu de la mer. Le cas d'*O. Tahitensis,* les observations de M. Chevreux concernant *O. littorea,* d'autres enfin, rapportées par le professeur Semper et relatives à des types voisins, montrent que l'adaptation de ces formes à la vie terrestre est assez fréquente ([1]). Or, l'*O. Chevreuxi* a dû être distingué comme espèce nouvelle. Il se peut assurément qu'il existe sur le littoral de l'île et qu'on l'y rencontre plus tard, mais je suis porté à croire que les Orchesties marines des Açores appartiennent plutôt aux types connus de l'Océan et de la Méditerranée, lesquels ont une très vaste répartition. D'où il résulte que l'espèce du cratère dériverait d'une forme marine éteinte, inconnue ou antérieurement décrite.

La différenciation aurait été, dans cette circonstance, singulièrement favorisée par un isolement que la configuration du sol rend très vraisemblable. Il n'est pas facile d'expliquer l'arrivée jusqu'au centre de l'île, après avoir franchi une arête (voir *Pl. I, fig.* 2) de

---

supporté, sans paraître en souffrir, dans les parages de Terre-Neuve, une température inférieure à celle de l'hiver des Açores. Il n'avait, d'ailleurs, point produit d'épiphragme.

La ténacité de la vie chez les Mollusques a donné lieu à un grand nombre de curieuses observations. Presque tous les faits signalés ont trait à des types dont la coquille est épaisse. *Voir* à ce sujet Fischer, *loc. cit.*, p. 103 et 104.

([1]) *Voir* ci-dessus, p. 47. Pendant l'été de 1876, le professeur C. Semper a trouvé, à Minorque, l'une des Baléares, en énorme quantité, sous de grosses pierres, un Crustacé qu'il croit être *Talitrus platycheles* Guérin. Les Amphipodes du genre *Orchestia* sont aussi répandus que les Sangsues terrestres dans les îles de l'archipel Indien. Le professeur Semper en a recueilli dans les îles du Pacifique, aux Pelew et aux Philippines, où ils vivent, loin de l'eau, sous les pierres et les feuilles dans les forêts humides. [C. Semper, *loc. cit.*, vol. I, p. 230, et note (8), p. 297].

Miers a décrit en 1876, sous le nom de *Gulliveri*, un *Talitrus* de l'île Rodrigue qui n'a jamais été rencontré dans l'eau [Miers, *Description of a new species of* Talitrus *from Rodriguez*, Ann. Mag. nat. hist., (4), XVII, p. 406].

Le mot *seul*, employé précédemment, p. 48, ligne 2, à propos d'*O. Tahitensis*, a trait uniquement à l'altitude.

1000^{m} d'altitude, des premiers Amphipodes qui ont peuplé la caldeira. Les Orchesties, en effet, progressent très lentement; elles sautent presque sur place avec une grande vivacité (*O. Chevreuxi* notamment, exécute des bonds énormes à l'aide de ses grandes pattes sauteuses), mais ne semblent pas marcher habituellement en droite ligne, comme les Isopodes, les Arachnides ou même les Mollusques. Ce qui donne à penser que, loin d'être partout répandues, elles se trouvent, au contraire, cantonnées en quelques points où le renouvellement du type ancestral présente de sérieuses difficultés, c'est qu'elles ont échappé jusqu'ici aux explorateurs les plus attentifs.

Morelet, Drouet, Godman, les Drs Smitt et Engdahl, Arruda Furtado, les membres de l'expédition du *Talisman* ont cherché, en des points très variés de l'archipel et à Fayal en particulier, les Mollusques terrestres, les Coléoptères, les Myriopodes, les Arachnides, les Isopodes, bref tout ce qui peut vivre sur le sol humide avec des *Orchestia* adaptés à l'existence terrestre. Ces Crustacés ne sont mentionnés par personne, et cela est d'autant plus remarquable que divers animaux de très petite taille ont été découverts dans ces circonstances.

N'est-il point permis de supposer qu'un certain nombre d'Amphipodes (à la rigueur, une seule femelle portant des jeunes eût suffi), ayant pénétré dans le cratère, y auront trouvé des conditions d'existence favorables et, n'en sortant plus, tout croisement ayant d'ailleurs cessé avec le type de la côte, se seront peu à peu modifiés sur place de manière à produire une espèce distincte?

Cette forme spéciale, que l'on ne manquera pas de citer à l'avenir comme caractéristique de la faune des Açores, aurait donc accompli son évolution à Fayal même. On voit quelle peut-être la portée d'un fait semblable pour l'étude générale des faunes insulaires.

L'*Orchestia Chevreuxi* mérite de fixer l'attention à un autre point de vue; ce n'est pas, à coup sûr, un type originairement monticole et j'ai dit plus haut qu'il était sans doute venu de la mer. En tous cas, sa présence dans la caldeira montre bien qu'un animal étranger à la faune des montagnes peut se rencontrer aux Açores, dans les lieux élevés.

J'ai pris à dessein cet exemple, parce que la nature seule a agi dans cette circonstance et qu'on ne saurait attribuer à l'homme l'introduction de ce Crustacé. Or, ce qui est arrivé pour lui a pu se produire également pour toutes sortes d'animaux. On est, par conséquent, exposé à trouver jusqu'au sommet des îles des êtres semblables à ceux qui peuplent les zones inférieures. Tel est effectivement le cas.

Je ne saisis donc pas la force de l'argument invoqué par M. Bourguignat, puis par le professeur A. Milne-Edwards ([1]), d'après lesquels l'existence aux Açores de Mollusques spéciaux à faciès alpin indiquerait que l'archipel est un reste de hautes sommités continentales effondrées, montagnes sur la cime desquelles les Mollusques alpicoles seuls auraient pu subsister. Cette hypothèse n'explique ni l'absence d'animaux alpins autres que les Mollusques, ni la présence du *Plutonia* par exemple, genre le plus caractéristique de toute la faune et qui ne semble pas devoir être considéré comme un type particulier de grande altitude. Enfin elle ne rend compte en aucune façon de la découverte à l'état subfossile, dans l'île de Santa Maria, de l'*Helix vetusta* Mor. et Dr., espèce relativement grande, dépourvue de tout caractère alpin et dont les affinités sont plutôt algériennes ([2]). Le mélange des formes se comprend très bien, au contraire, si l'on admet les hasards du transport suivis d'une différenciation plus ou moins accentuée. Quant à la prédominance des types regardés comme alpins, elle est assurément discutable; les Mollusques en question peuvent effectivement se diviser en deux catégories : l'une comprenant des formes qui rappellent celles du Nord et dont les glaces ont pu amener les ancêtres; l'autre renfermant des espèces très petites

---

([1]) Bourguignat, *Histoire des Clausilies de France vivantes et fossiles*. Ann. Sc. nat. Zool., (6), vol. IV, 1876. — A. Milne-Edwards, *De la faune malacologique des îles Açores*. Bull. soc. malac. de France. vol. II, 1885.

([2]) Morelet, *loc. cit.*, p. 176, *Pl. V*, *fig.* 13. L'étude approfondie des restes organiques conservés dans les tufs de Santa Maria est fort désirable. On y trouverait de précieuses indications sur la faune de l'île avant l'arrivée de l'homme. Il est également à souhaiter que des recherches suivies soient entreprises en divers points de San Miguel, où l'on a reconnu les traces d'une ancienne végétation, plus puissante peut-être que celle d'aujourd'hui. Le professeur Fouqué signale à Sete Cidades un tronc d'arbre ayant près de 1^{m} de diamètre et recouvert d'une couche de ponces de $0^{m},30$ d'épaisseur. D'autre part, il existe à Furnas, d'après W. Reiss, une couche de lignite d'environ $0^{m},10$ d'épaisseur, recouverte par une série d'assises de lave de plus de 200^{m} de puissance totale (Fouqué, *Voy. géol.* Rev. d. Deux-Mondes, 1er avril 1873, p. 841).

dont la taille exiguë a facilité la dissémination. Ces simples remarques changent singulièrement la thèse et viennent encore appuyer la théorie de l'introduction fortuite ([1]).

Il paraît d'ailleurs certain, d'après toutes les données géologiques, que le mouvement nécessaire à la formation de l'archipel par affaissement n'aurait pu être assez prompt pour empêcher les animaux de remonter peu à peu le long des montagnes, absolument comme l'a fait l'*Orchestia Chevreuxi*. On devrait donc rencontrer sur les îles bien des formes, sans en excepter les Vertébrés, venues de la partie

---

([1]) Il importerait de bien définir ce prétendu caractère alpin. En réalité, la plupart des organismes que l'on rencontre à de grandes altitudes sont ceux qui supportent facilement les températures extrêmes, particulièrement les plus basses, témoin les Rotifères, les Nématoïdes, etc., qu'on n'a jamais songé à qualifier d'alpins. *Voir* la Note (4) p. 93-94. Un certain nombre de Mollusques qui vivent sur les montagnes de l'Europe jusqu'à 1000^{m} et 2000^{m} d'altitude se retrouvent au niveau de la mer dans la zone polaire. Ils ne sont, du reste, nullement cantonnés sur les hauteurs : tel, par exemple, *Helix arbustorum* et, pour ne pas sortir des formes signalées aux Açores, *Limax agrestis*, *Helix aculeata*, *pulchella*, *rotundata*, etc., *Pupa umbilicata*, etc. Les espèces que j'ai trouvées à la cime de Fayal, dans la caldeira, sont toutes dans ce cas (*voir* ci-dessus, p. 37), sauf *Vitrina brumalis*. Mais on remarquera, en ce qui concerne ce dernier genre, qu'il est précisément répandu jusque dans l'extrême Nord (Islande, Groenland, Amérique boréale).

La présence, aux Açores, de ces Mollusques, regardés comme alpicoles et qui sont, avant tout, eurythermes, me semble donc devoir s'expliquer beaucoup mieux par une dissémination survenue pendant l'époque glaciaire que par un changement brusque dans l'altitude. *Voir* la note (3) de la page 97.

J'ajouterai, à propos de la théorie de l'affaissement, que les profondeurs de la mer au voisinage des îles paraissent être beaucoup plus considérables qu'on ne le croit généralement. Un sondage, exécuté le 8 juillet 1887, à bord de l'*Hirondelle*, a atteint 3300^{m} entre Pico et San Miguel. Il en résulte que si Pico a jamais appartenu à la même masse continentale que San Miguel, son sommet a dû s'élever jadis à la hauteur minimum de 5620^{m}. En supposant d'ailleurs Pico et San Miguel réunis dans ces conditions, les points les plus élevés de la dernière de ces îles auraient dépassé 4000^{m}, hauteur à laquelle aucun Mollusque, fût-il alpin, ne vit en Europe. Les espèces qu'on trouve aujourd'hui non seulement sur les cimes, mais encore au fond des caldeiras, n'y seraient donc arrivées qu'après l'affaissement. On voit qu'il faut toujours en revenir à une ascension lente, parfaitement semblable à celle d'*Orchestia Chevreuxi*, choisi comme exemple.

Quant à l'influence exercée sur la dissémination par l'exiguïté de la taille, on cite, comme ayant une répartition géographique extrêmement vaste, plusieurs Mollusques terrestres remarquables à cet égard, *Helix pulchella* Mül. entre autres. Cette espèce, répandue en Europe, en Asie et en Amérique, existe aux Açores, à Madère, aux Canaries et à Sainte-Hélène. Il est à noter que, parmi les formes très peu nombreuses rencontrées à la fois dans ces divers groupes d'îles, deux autres (*Helix pusilla* Lowe = *H. servilis* Mor. et *Pupa umbilicata* Drap. = *P. anconostoma* Lowe) sont également fort petites. Les dimensions réduites de ces animaux en ont, à coup sûr, facilité le transport.

basse du continent disparu, formes pour lesquelles les zones supérieures en s'abaissant seraient devenues habitables, puisque les conditions climatériques s'y seraient modifiées en même temps que l'altitude.

Enfin, cette sorte de concentration de la vie sur les restes d'un vaste territoire aurait dû y réunir une faune riche, à types relativement nombreux et variés; on ne serait donc pas forcé de reconnaître, avec Drouet, qu'elle y est encore, pour ainsi dire, à *l'état d'installation* (1).

Quoi qu'il en soit de toutes les hypothèses émises ou discutées ci-dessus, il y aura lieu de tenir compte, de plus en plus, dans l'avenir, des apports résultant du fait de l'homme. Il faut se hâter d'étudier les animaux terrestres propres aux Açores, car ils ne tarderont pas à disparaître, au moins en grande partie, par suite de l'envahissement des espèces introduites.

Le mouvement des ports s'accroît, et des produits variés sont débarqués sans cesse qui contiennent divers animaux, notamment des Insectes (2). D'autre part, les navires condamnés, qu'on démolit en grand nombre dans l'archipel, renferment, sans parler des Rats (3), bien des êtres vivants, des Insectes et des Arachnides entre autres.

Depuis longtemps déjà l'*Helix aspersa*, apprécié comme comestible par les matelots portugais, s'est répandu sur le littoral (4). Certains Mollusques plus petits peuvent avoir été amenés de diverses manières et même dans le lest (5). L'horticulture a joué aussi un grand rôle dans ces introductions, bien des végétaux importés ayant

---

(1) Drouet, *Élém. faune açor.*, p. 63.

(2) Crotch (*loc. cit.*, p. 361 et 362) a fait le relevé des Coléoptères dont l'introduction paraît certaine.

(3) « On connaît, par exemple, la date exacte de l'arrivée du Rat gris, à Terceire. Au commencement de notre siècle, une tempête ayant mis en pièces un bâtiment de commerce dans le port d'Angra, une troupe de ces animaux s'échappa du milieu des épaves et gagna à la nage la ville, où elle s'est multipliée, reléguant le Rat noir dans les fermes et dans les villages les plus écartés de l'île. » Fouqué. *Voy. géol.* Rev. des Deux Mondes, 1er février 1873, p. 640.

(4) Fischer, *loc. cit.*, p. 193.

(5) Les roches volcaniques criblées de trous sont très favorables pour ce genre de transport. Morelet (*loc. cit.*, p. 175) a précisément trouvé, à Ponta Delgada, une espèce, *Helix paupercula* Lowe, qui se loge fréquemment dans les cavités des laves.

J'ai moi-même recueilli sur les bords du Lagoa Grande, à Sete Cidades, de petits

pu servir de véhicule à des Insectes, à des Mollusques et à des Crustacés terrestres, à des Arachnides, à des Myriopodes, à des Vers, pour ne citer que les organismes non microscopiques ([1]). Mais ce sont, avant tout, les plantations faites dans plusieurs îles, et parfois sur une très vaste échelle, comme à San Miguel, qui ont porté d'emblée au cœur du pays, jusque sur la montagne, des animaux étrangers ([2]).

Ceux-ci méritent d'ailleurs d'être cherchés avec soin. Leur étude fournira sans doute quelques indications précieuses sur la manière dont les types, accidentellement introduits à une époque reculée, ont pu se comporter à l'origine. Je crois, en tous cas, qu'on en tirera un nouvel argument à l'appui de la théorie de la dissémination par transport, en ce sens que la plupart des espèces s'acclimateront parfaitement. D'où l'on peut conclure que la pauvreté relative de la faune terrestre des Açores résulte, non pas des causes défavorables

---

Limaciens qui remplissaient exactement les alvéoles d'une pierre ponce d'où il était très difficile de les extraire.

M. A. Locard a vu de petites Hélices vivantes parfaitement conservées dans des balles de foin comprimées à la presse et débarquées à Marseille après un long voyage (LOCARD, *Études sur les variations malacologiques d'après la faune vivante et fossile de la partie centrale du bassin du Rhône*, vol. II, p. 141; 1881).

([1]) Ce genre d'introduction a été signalé maintes fois sur le continent. On sait que plusieurs types intéressants ont été découverts dans les serres et les jardins botaniques de l'Europe. *Voir* à ce sujet : L. VAILLANT, *Sur l'acclimatation et l'anatomie du* Perichœta diffringens *Baird sp.*, Comp. rend. Acad. Sc., 7 août 1871. — MOSELEY, *Description of a new species of land planarian from the hothouses at Kew Gardens* [Ann. mag. nat. hist. (5), vol. I, 1878]. — VON GRAFF, *Ueber einige interessante Thiere des Zoologischen und des Palmengartens zu Frankfurt a. M.* (Der zool. Garten, vol. XX, juillet 1879, p. 196). — F. RICHTERS, Bipalium kewense *Moseley, eine Landplanarie des Palmenhauses zu Frankfurt a. M.* (*ibid.*, vol. XXVIII, août 1887, p. 231).

Les citations précédentes ne sont données absolument qu'à titre d'exemples. On connaît un très grand nombre de faits relatifs à l'introduction fortuite d'Insectes, d'Arachnides, de Myriopodes, de Mollusques et même de Reptiles dans les cargaisons de navires. M. Dautzenberg m'a signalé dernièrement la trouvaille faite à Bruxelles, dans les racines d'un arbre brésilien, d'un *Bulimus multicolor* Rang, bien vivant.

Les animaux apportés, volontairement ou non, s'acclimatent et se multiplient parfois tellement vite qu'ils deviennent gênants. Deux grands *Achatina* de l'Afrique australe, pris à l'île Maurice où l'on avait déjà transporté l'espèce, et abandonnés dans le jardin botanique de Calcutta, s'y développèrent au point de causer de sérieux ravages (KOBELT, *Die geographische Verbreitung der Mollusken. III. Die Inselfaunen*. Jahrb. deut. malac. Gesells., 5e année, p. 13).

([2]) Le *Phylloxera* venait d'apparaître dans les vignobles de Pico au moment de l'arrivée de l'*Hirondelle*.

inhérentes à ces îles [1], mais bien de leur isolement, de leur éloignement de toute terre. Ces particularités n'expliquent en rien la pauvreté de la faune d'un centre de création ou d'un continent affaissé, réduit à l'état d'archipel; elles paraissent, au contraire, rendre compte, dans une large mesure, de cette pauvreté, en des points où elles ont précisément contrarié le peuplement par transport.

L'intérêt même des considérations exposées dans ce Chapitre et le souci que j'ai eu d'apporter des faits à l'appui de la plupart des opinions émises m'ont entraîné à de longs développements. J'en donnerai le résumé en quelques lignes, formulant ainsi les conclusions de cette étude :

1° La faune terrestre des Açores présente un caractère nettement européen.

2° La faune des eaux douces présente également ce caractère, à un degré peut-être encore plus marqué.

3° La répartition des espèces qui la composent est extrêmement étendue; on arrivera sans doute à démontrer que beaucoup d'entre elles sont cosmopolites.

4° La plupart sont pourvues de puissants moyens de dissémination.

5° C'est grâce à cette circonstance qu'elles ont pu arriver jusqu'aux Açores.

6° Elles semblent y avoir été apportées, en majeure partie, par le vent et par les Oiseaux. Le vent ne paraît avoir joué, dans le transport, qu'un rôle secondaire.

7° Le peuplement des eaux açoréennes s'est accompli rapidement; les lacs formés par l'accumulation des pluies au fond des cratères sont, en effet, d'origine moderne.

---

[1] Les conditions vraiment défavorables inhérentes à l'archipel et dont il y aurait lieu de tenir compte, sont relatives à l'activité volcanique. Celle-ci a troublé, sans aucun doute et pendant longtemps, le développement des animaux et des plantes. C'est sans contredit, avec l'éloignement de toute terre, l'une des raisons qui expliquent la pauvreté relative de la faune des Açores comparée, par exemple, à celle de Madère.

8° L'extrême fécondité et la remarquable faculté d'adaptation au froid, à la chaleur, à des milieux de composition variée qui distinguent la plupart des types aquatiques répandus dans l'archipel, en même temps que l'absence de lutte pour l'existence, expliquent comment les eaux ont pu se peupler très vite, alors qu'elles subissaient encore une influence volcanique des plus prononcées.

9° Les conclusions résultant de l'étude des animaux aquatiques permettent de penser que la faune terrestre des Açores est également due à l'introduction fortuite d'espèces provenant soit des continents, soit des archipels les plus rapprochés.

10° La différenciation plus accentuée de la faune terrestre, et en particulier des Mollusques, s'expliquerait par la fréquence beaucoup moins grande du transport des types qui la constituent et par son origine plus ancienne. A une époque reculée, les courants océaniques ayant une autre direction qu'aujourd'hui, divers organismes peuvent avoir été amenés dans l'archipel sur des corps flottants et même sur des glaces.

11° Le caractère alpin de la faune terrestre des Açores ne paraît pas démontré. En admettant que les îles se soient affaissées (qu'elles aient ou non fait partie d'un continent disparu), les animaux de la région littorale se seraient réfugiés sur les cimes où les espèces devraient être, contrairement à ce que l'on voit, nombreuses et variées.

12° Quelque valeur qu'on attribue aux hypothèses concernant l'origine de la faune terrestre, il importe de tenir grand compte des introductions dues au commerce, à la culture, etc. Suivant toutes probabilités, les animaux regardés aujourd'hui comme propres aux Açores ne tarderont pas à disparaître devant l'envahissement des espèces introduites.

RECTIFICATION

AU SUJET D'*ORCHESTIA CHEVREUXI*.

Un certain nombre de fautes échappées à la correction rendent inexacte la description d'*Orchestia Chevreuxi*. On voudra bien rétablir ainsi qu'il suit la diagnose de l'espèce et les passages indiqués des pages 46 et 47.

DIAGNOSE.

Femina. — Antennæ superiores paulo ultra articulum pedunculi penultimum antennarum inferiorum porrectæ. Pedes 2^{di} paris articulo 3^{tio} aculeis 2 armato; carpo elongato; pedes 5^{ti} paris perbreves; pedes 7^{mi} paris et pedes saltatorii 1^{mi} et 2^{di} paris valde elongati. Telson breve, ovatum, emarginatum. Animal roseo-violacescens.

Mas ignotus.

Longit. 15^{mm}.

La première phrase du dernier paragraphe de la page 46 (ligne 6 en remontant) doit être remplacée par celle-ci :

« Les pattes des troisième et quatrième paires sont courtes et d'égale longueur; celles de la cinquième paire, à peine plus longues, n'atteignent que l'extrémité du quatrième article des pattes suivantes. »

Page 47, ligne 3 en descendant, supprimer *un peu*. Remplacer la dernière phrase du premier paragraphe (ligne 6 en descendant) par celle-ci :

« Le telson, remarquablement petit, est conique et fortement échancré à l'extrémité. »

A la même page, la fin de la première phrase du dernier paragraphe sera modifiée ainsi :

« Bien que les femelles...... la petite taille des pattes de la cinquième paire, la grande longueur de celles de la septième, ainsi que des pattes sauteuses des deux premières paires et enfin par l'échancrure très prononcée du telson. »

NOTE ADDITIONNELLE.

L'impression de ce travail était presque entièrement terminée lorsque j'ai reçu de M. Théodore Barrois une Note sur la faune des eaux douces des Açores ([1]).

Mon savant collègue, arrivé à San Miguel une quinzaine environ après le départ de l'*Hirondelle*, a séjourné six semaines dans cette île et a visité également divers autres points de l'archipel. Étant donnés les résultats que j'ai pu obtenir en quelques jours, il y a tout lieu d'espérer qu'en deux mois le Dr Th. Barrois aura pu recueillir des matériaux d'étude considérables. Dès son retour, l'auteur s'est occupé des Hydrachnides. Deux espèces seulement ont été trouvées : l'une, *Sperchon glandulosus* Kœnike, est connue en Allemagne; l'autre, *Arrenurus Chavesi*, est décrite comme nouvelle, mais sous toutes réserves, ainsi que le Dr Barrois le déclare lui-même ([2]).

Le *Sperchon*, recueilli à San Miguel, Terceira et Fayal, paraît être fort délicat, et l'on peut se demander comment il est arrivé et s'est répandu aux Açores. Quant à l'*Arrenurus*, il n'a été rencontré qu'en un seul point de l'île San Miguel, le Lagoa de Pao-Pique, localité où le Dr Th. Barrois signale, en passant, quelques autres animaux, *Hydra fusca* notamment, qu'il est fort intéressant de trouver dans l'archipel.

On sait que la distribution géographique des Hydres est extrêmement étendue. D'autre part, les œufs d'un certain nombre d'espèces sont très résistants et peuvent rester plusieurs mois à l'état de vie latente. Ces animaux rentrent donc dans la catégorie de ceux que j'ai précédemment indiqués. Il est probable qu'ils ont été introduits aux Açores par les Oiseaux aquatiques.

([1]) *Matériaux pour servir à l'étude de la faune des eaux douces des Açores. — I. Hydrachnides*; Lille, 1887.

([2]) *Loc. cit.* p. 15, note (2); les mâles qui fournissent les meilleurs caractères spécifiques n'ont pas été rencontrés. On sait que le genre *Arrenurus* compte en Europe de nombreux représentants.

TABLE DES MATIÈRES.

13434 Paris. — Imprimerie Gauthier-Villars et Fils, quai des Grands-Augustins, 55.

EXCURSIONS ZOOLOGIQUES DANS LES ILES DE FAYAL ET DE SAN MIGUEL (AÇORES),

Par M. Jules de GUERNE.

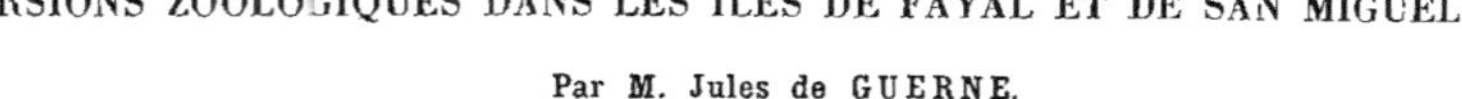

Fig. 1. — *Coupe de l'extrémité nord-ouest de l'île San Miguel et de la Caldeira de Sete Cidades du nord-est au sud-ouest passant par le Lagoa Grande.*

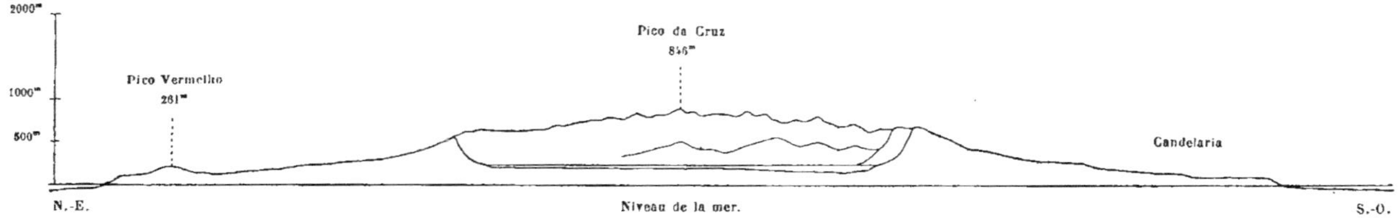

Fig. 2 — *Coupe de l'île de Fayal du sud-sud-ouest au nord-nord-est.*

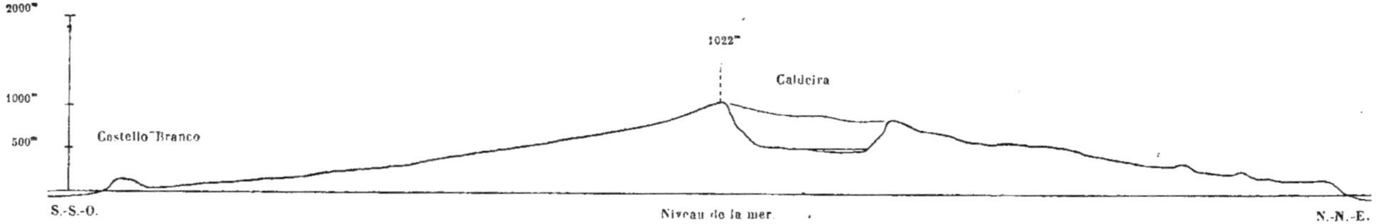

Les échelles indiquées à la gauche des coupes sont les mêmes pour les hauteurs et pour les distances horizontales.

Ces deux figures sont empruntées à HARTUNG, *Die Azoren in ihrer ausseren Erscheinung und nach ihrer geognostichen Natur geschildert.*

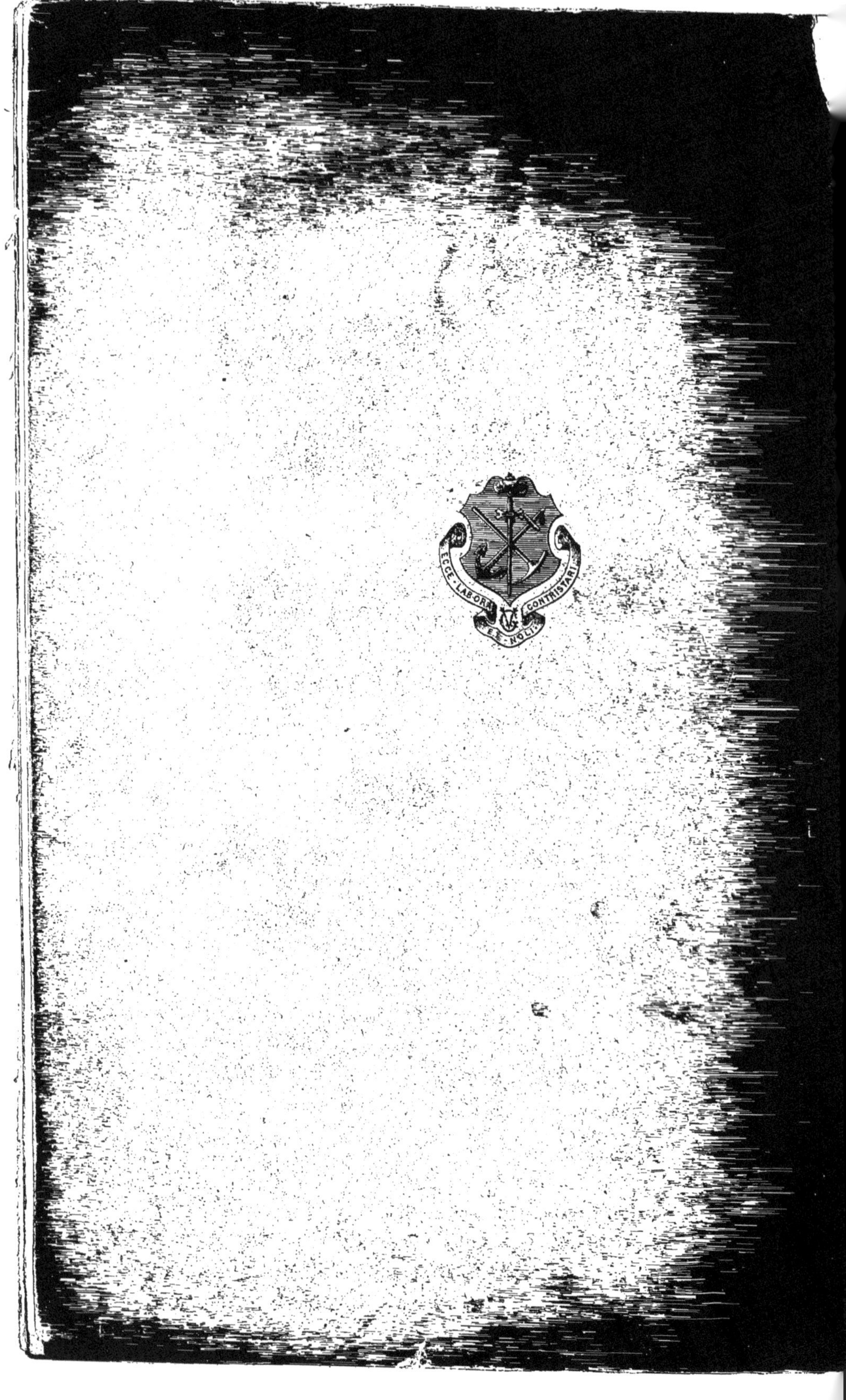
ECCE · LAB·ORA
CONTRISTARI
ET · NOLI

www.ingramcontent.com/pod-product-compliance
Ingram Content Group UK Ltd.
Pitfield, Milton Keynes, MK11 3LW, UK
UKHW022114190726
13855UKWH00002B/857